居民幸福背景下的水资源管理模式创新研究

王亚敏　著

吉林大学出版社

图书在版编目(CIP)数据

居民幸福背景下的水资源管理模式创新研究 / 王亚敏著. —长春 : 吉林大学出版社, 2019.6
ISBN 978-7-5692-4955-2

Ⅰ. ①居… Ⅱ. ①王… Ⅲ. ①水资源管理—管理模式—研究—中国 Ⅳ. ①TV213.4

中国版本图书馆 CIP 数据核字 (2019) 第 119128 号

书　　名：居民幸福背景下的水资源管理模式创新研究
JUMIN XINGFU BEIJING XIA DE SHUIZIYUAN GUANLI MOSHI CHUANGXIN YANJIU

作　　者：王亚敏　著
策划编辑：邵宇彤
责任编辑：代景丽
责任校对：李潇潇
装帧设计：优盛文化
出版发行：吉林大学出版社
社　　址：长春市人民大街 4059 号
邮政编码：130021
发行电话：0431-89580028/29/21
网　　址：http://www.jlup.com.cn
电子邮箱：jdcbs@jlu.edu.cn
印　　刷：定州启航印刷有限公司
成品尺寸：170mm×240mm　16 开
印　　张：14.5
字　　数：186 千字
版　　次：2019 年 6 月第 1 版
印　　次：2019 年 6 月第 1 次
书　　号：ISBN 978-7-5692-4955-2
定　　价：66.00 元

前言
PREFACE

随着人类社会的发展，水资源供需矛盾逐渐突出，幸福导向的水资源管理模式逐渐受到社会公众以及相关管理部门的关注，在居民幸福背景下的，将幸福目标与水资源管理要素结合起来，是当下水资源管理的一大创新举措。这一举措将管理由单一的作为对象的水扩展到每一个人，综合考虑了水资源管理中涉及的经济、人文、社会、生态因素，完善了水资源管理分析的微观基础，其对水资源管理的决策支持系统和政策制定模式将产生极大的影响，对于提升社会的整体幸福有着积极的作用。水资源是基础性的自然资源和战略性的经济资源，是经济社会发展的重要支撑，是生态与环境的控制性要素，是一个国家综合国力的重要组成部分。在确保居民幸福的前提下坚持节约资源、保护环境的基本国策，实行最严格的水资源管理制度，大力推进水资源管理从供水管理向需水管理转变；从过度开发、无序开发向合理开发、有序开发转变，对水资源进行合理开发、高效利用、综合治理，最终，以水资源的可持续利用保障经济社会的可持续发展。

基于上述对水资源管理幸福本质与水资源管理模式的认识，本书提出幸福背景下的水资源管理理念，即以人本思想与幸福理论为指导，将居民幸福作为水资源管理明确而统一的目标取向，进而反观、规范、优化水资源开发利用行为和管理方式，以最大限度地实现水资源造福于人类的功能。

本书共分为九章。第一章就水资源及水资源管理基础理论进行具体论述，为后文奠定理论基础。第二章从水资源管理发展沿革及初步研究角度入手，就国内外水资源管理实践、居民幸福背景下水资源管理及其研究做出相关指导。第三章分析了居民幸福背景下水资源管理模式，并进一步探究了居民幸福指数与水资源管理的关系。第四章站在“经济福利”理念角度，就以居民幸福为背景如水资源管理模式研究进行阐释；第五章至第八章从“社会福利、政治福利、文化福利、生态福利”的角度，研究居民幸福背景下水资源环境福利管理，进一步探究水资源管理的理论基础及实践应用。第九章基于以上章分析，就居民幸福背景下水资源管理模式创新进行思考探究，以求对当下水资源管理提供有力参考，为当前水资源开发与管理中的人本与幸福转向提出实践原则与基本路径。

本书的编著本着实用性原则，期望最大限度地满足水资源管理领域的政府人员、研究人员等开展相关领域的研究的需求，与此同时，更希望能够供水资源管理专业学生参考，进一步促进其专业知识的完善。由于笔者水平有限，本书难免有疏漏之处，恳请广大读者批评指正。

目录 CONTENTS

第一章　水资源及水资源管理理论知识概述

随着水资源的日渐紧缺和水环境的日趋恶劣，人类对水资源与水环境的认识和关注程度在不断增强。时至今日，水不仅被视为人类基本生存、经济发展和社会进步的生命线，实现可持续发展的重要物质基础，而且也被作为一个国家经济发展、文明进步的重要战略资源。探讨水资源的含义、认识水资源特性，是管理水资源的基础和加强水资源管理的必然要求。而树立正确水资源可持续利用观，更是实现水资源最优利用与经济社会可持续发展的战略性举措。当前，世界各国在经济社会发展中都不同程度地面临着缺水、水污染和洪涝灾害等水资源问题；水资源的开发利用过程中所造成的一系列负面效应，使水问题对人类的生存发展构成越来越大的威胁。这促使人们在深刻反省自己的用水行为的同时，认识到必须强化对水资源的管理，提高开发利用水资源的水平和保护水资源的能力。

第一节　水资源基础概念与特性

探索水资源管理工作领域的任务和内容，有必要先明确水资源的含义。关于水资源内涵的研究众多，国内外相关文献中说法各异，至今没有统一的定义。以下选取一些有代表性的观点加以阐述。

一、国内外水资源概念

早在 1991 年我国《水科学进展》编辑部就组织国内水资源问题专家进行过关于如何定义水资源和理解水资源内涵的讨论活动。他们在研究讨论中一致认为水资源的概念有广义和狭义之分。广义上的水资源指的是所有可被利用的天然水，包括人类所及空间中各种相态的水；狭义的水资源是指人类可直接饮用的水，如对城市来讲是指优质的地表水和地下水。陈家琦更强调水资源具备可持续性的突出特点，同时认为水资源是保证人类生存发展不可或缺的一种自然资源。城市水资源作为满足社会需求水量的可靠来源，需要确保能够利用自然界水文循环方式，持续更新补偿，并且能够由人工进行控制，确保水质。施德鸿和张家在对水资源概念进行探究和界定时选取的角度是现实可用性，认为不能将雨水、天然水、地表水叫作水资源，应该将拥有稳定流量能够提供、稳定水量的水体确定为水资源；降水是陆路水的来源，是潜在意义上的水资源，其中能够被有效利用的部分才可以算作水资源。我国大百科全书、专业书籍中记载了我国学界相关领域专家水资源定义的共识，形成概念通常具备权威性特征。这些书籍对水资源的定义进行了说明。《中国大百科全书》的水资源定义：地球表层能够供给人类利用的水。《中国水利百科全书》的水资源定义：地球上存在的全部形态的天然水。从国际上看，联合国教科文组织与气象组织的水资源定义有典型性和一定权威价值：地球上具有一定数量和可用质量，能从自然界获得补充并可资利用的水。

由此可见，现如今国内外在对水资源认知过程中获得的结论不尽相同，这主要与水资源系统的复杂性、人们对水资源利用的广泛性及动态性有关。水有不同的类型，还具备动态变化的特点；不同类型的水体，彼此之间存在着非常密切的关联，彼此还能够转化。分析和理解水资源可以从质与量这两方面着手。水拥有多种用途，用途不同对具体的水量和水质的需要也有很大的差别。水资源开发利用受经济、技术、社会、环境等诸多条件的影响；水资源与自然、社会系统均存在着非常紧密的联系。从现有水资源的定义中不难发现水资源至少应有以下几个内涵：对人类有用，即能现实或潜在地满足人们的某种生存发展需要；可持续性，即能自我更新，持续满足人类生存发展需要；动态可变性。

二、对水资源基础概念的深入思考

为清晰界定水资源概念，本研究认为基于现有对水资源的认知，还需从现实或实践经验出发进一步深化对水资源的理解。首先，必须明确在积极寻求提升居民幸福感的大背景下，水资源是一种可利用的资源，对人类的生存发展的有用性是水资源概念的核心内涵。对水资源进行定义时必须牢牢把握这一核心。那么水对人类有什么用途？现实世界中哪些水体对人类有用呢？这涉及水资源的外延问题。人类对水的利用十分广泛，既有直接的也有间接的；既有物质形式的也有能源形式的；既有基本生存所需也有审美与精神所需；既有现实的也有潜在的。凡是与此有关的水的存在形式均可被纳入水资源的范畴。

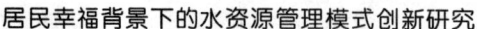

水除了是自然要素之外，还是世间所有生物生存与发展必不可少的物质条件。水作为生态环境不可或缺的要素，在支撑生态、非生命环境、社会经济这几个系统运转方面发挥着不可替代的作用，如果水资源缺失，将无法保障地球生命的多样性。水是社会发展进步最为基本的物质支持，是各个国家与地区的资源基础。因此我们在对水资源进行分析和理解时，需要在一个开放性格复杂化的大系统中全面了解水资源与外界存在的关联以及彼此的交换。在探究水资源时，不能只从质和量层面出发，还要考虑水资源与资源环境之间动态平衡的特点、人类及人类社会经济互馈互钳的作用。因此不论是立足于实现的持续性保障利用，还是立足于开发利用的结果将水资源确定义为“某区域内能逐年恢复与更新的淡水资源”是非常合理的说法。这个说法最为突出的价值是强调水资源具备可再生性的特征，揭示了水资源的本质。

把水资源的外延进行扩展，扩大到整个自然界多种不同形态的水，实际上是在强调人开发利用水的经济能力、技术能力，也强调水能够满足人类多样化需求的事实。就当前情况来看，我们虽然可以通过一定的技术方法对水的局部自然循环进行干预，也能够有效利用一部分大气水，不过利用量是有限的；部分地下存储的淡水要进行更替，需要花费很长的时间，更新速度非常慢，过量开采，将会造成严重不良后果；储存在极地冰川与永久冻土带的水在开采方面有着极大的难度，不仅如此，相关技术手段还没有到达很高的层次。依照自然资源分类，结合水资源的实际特征及对社会经济的影响，天然水当中绝大多数的水是不可更新资源。也就是说在固定时间范围之内，水资源质量不变，资源储存量也不会增加。比方说，深层地下水是一种永久性储存水，其更新速度非常慢，因此我们可以把这类水资源叫作可耗竭性资源。人类能够持续对可耗竭性资源进行利用，用完后能够恢复及更新的部分，则可以叫作可再生资源。比方说河川径流的恢复周期非常短，十天左右就可以完成一次更新，还与浅层地下水和降水存在着紧密的关联。因此，如果从推动人与自然和谐相处、确保水资源能永续开发利用的角度看，应该将水资源定义划归可更新资源的范畴；持续实现动态平衡，凸显可再生性特征，是人类对水进行开发利用及制定相关开发利用战略的指导思想。但是从人类技术发展的角度看，可供人利用的水体范畴定然呈不断扩展的趋势。随着污水净化技术的发展，诸多净化后的中水被纳入城市用水系统中；当前海水转化技术已日渐成熟，海水成了未来前景广阔的可利用水的来源。

对水资源的理解，不能仅限于其可见的物态、能源形式及其对人类生计需要的满足。自然界的水历来是人类的审美对象，满足着人类的精神需求，滋养着人类精神世界。而且随着人类物质层面的需要不断得到充分满足，非物质层面的精神需要会越来急迫和强烈。那么水作为一种客观存在的精神价值会越来越重要并受到重视。蒲晓东等（2009）指出，水作为一种景观存在，其文化价值主要指自然水体在与人类互动过程中对提高人的认知水平、改善人的精神状态，进而增进人的幸福的作用。水的文化价值功能可从审美、欲望表达、道德认知及人水和谐的达成四个方面进行概括。首先，水作为一种景观或观赏对象具有极高的审美价值，历来是人们的重要的审美对象。概括起来水景观具有形、色、声、态等多方面的美学功能，能够直接引发人们丰富的美感，激发人的各种情致。通过水景观观赏，能够使人获得多方面的审美享受。其次，水是重要的是人们表达理想和愿望的重要载体。山水画作、山水诗文是我国重要的艺术种类。艺术家们以山水为艺术创作的对象和载体，表达对山水美的追求，以寄情于另类山水。从本质上讲，对山水艺术的欣赏是对渗透了人文情怀的自然山水的间接审美。再次，在长期相互作用过程，人类不仅直接利用水资源，更从水身上感悟诸多智慧。水在自然界中的运行状态和规律启迪着人类智慧。我国道家讲究道法自然，从自然界中汲取人生智慧，学习遵从自然法则。儒家提出“仁者乐山、智者乐水”的论断，可以说水启迪了人类灵活变通的智慧。由此可见，从作为可供人类利用、满足人类某种需要的本质内涵看，现代水资源的外延远比传统水资源外延大，客观世界能被人类可感并满足人类所需的水体水态皆可被纳入水资源范畴。

总之，应从对人类的现实和潜在有用性即人本的视角界定水资源概念。水资源是指在人类现有或未来可预见的认知能力和技术水平下能够满足某种或多种人类生存发展需要的各种水体存在形式。由此，水资源既包括液态水，也包含固态和气态水；既包括人类直接用水，也包括间接用水；既包括物质层面的用水，也包括精神层面的用水。由此可见，随着人类认知能力和技术水平的提高，以及人类所关注的生存发展需要内容的扩展，水资源的外延和范畴也会不断扩展。现代人类要树立一种广义的水资源理念，从全面满足人类多层多样需要的目的综合协调开发和利用各类水体，不能只求其一而伤及其他。

三、水资源的基本特性

自然水资源是生产原料和生活资源的天然来源，具有一般资源的基本特性，但就本身的存在形式和与自然环境、人类生产生活、经济社会等的关系来看，又具有某些比一般自然资源更重要的特性。

（一）水资源价值的多宜性

从人类多层、多样生存发展需要来讲，水资源存在多重价值和意义。首先，水资源是维持自然界生态平衡的物质基础，生态平衡又为人类的存在与可持续发展提供了基本条件。水资源是对人类具有重要生态价值。水资源人类生命存在的要素之一，维持着人类基本的生理平衡。

人类每天需摄入一定质量的水，以满足自身正常的新陈代谢；日常生活的方方方面也离不开水，如做饭、洗漱、清洁、卫生等。水资源更是生产要素。农业作为人类基础性产业以水资源为基本的生产资料；工业特别是基础性工业，如钢铁、化工、印染等，水资源都是重要的投入要素。水资源具有物质投入方面的价值，还为人类提供清洁的动力资源。水力发电作为一种清洁能源已稳居人类开发的非矿物清洁能源发电之首。作为载体，水体在运输方面的功能特别是大宗货物运输方面的功能十分突出。目前，国际贸易总运量中的三分之二以上，我国进出口货运总量的约 90% 都是利用海上运输。如前所述，水资源还具有丰富的文化价值，满足着人们精神层面的需要。在我国水与山孕育了独特、丰富的山水文化。在现代大众旅游时代，水景观是不可多得旅游资源，丰富着现代人的精神生活。水资源价值的多宜性表明，水资源某方面的开发会有一定的机会成本，这决定了水资源的开必须持综合视角，统筹考虑利弊得失，以人类幸福最大化为原则，而水资源总量约束下的水资源的配置理论上讲应该达到各类用水对人类用水边际效用最大。

（二）水资源具有基础性和不可替代性

水是生态系统中最活跃、影响最广泛的基础构成要素。利用水循环这个有效途径，水资源能够保持与其他自然要素的关联、制约和相伴相生，进而形成一个整体。水资源不单单是人与生存发展必不可少的物质条件，还是国民经济发展与社会建设的重要资源支持。每人每天要摄入 2 ~ 2.5L 的水，这样才能让人体维持在水平衡的良好状态之下。水在人体内含量最多，大约占体重的 23%；水是所有植物得以生存生长，完成光合作用以及进行营养物质输送的关键要素；水在工业生产中发挥着不可替代的作用。因此，水是生产生活中至关重要的自然资源，随着人们对水的重视程度以及认知程度的提升，目前国家已经把水纳入综合国力构成要素体系中，把人均年耗水量作为评估国家经济发展水平的关键指标，把用水结构当作评判国家工业化及生活水平的有效依据，把水创造的财富价值作为评估国家技术水平的尺度。在我国，水利一直都是农业发展的命脉所在，国家将水利作为推动国民经济发展的基础，将其纳入国家发展规划之中。目前，在国际上已经形成了共识，水是社会稳定与国家繁荣的关键资源，应将水当作区域合作的核心促进要素看待。后面的一系列论述说明的都是水资源具备基础性与不可替代性的特点，也是基于这样的特点认知，水资源的开发必须坚持可持续性原则，严格限制水资源的量以及对水环境的利用规模，使水资源在可持续利用的范围内，否则人类的可持续生存发展将无从谈起。与此同时，水资源是人类社会发展的基础性资源，是不可替代的重要自然资源，用水是人类的基本权利，水资源的开发利用必须坚持公平性原则，即要保证每个社会成员的最基本的用水需求。

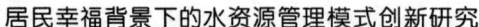

（三）水资源具有可再生性或非耗竭性

一般可以将天然资源分成可更新资源与可耗竭资源。水资源的可再生性特征主要体现在水量能够恢复、水质可以得到改善。其中，水量在经过人们的开发利用之后，可以利用降水的方式获得有效补给，同时可以在一定时空范围之中维持动态平衡的状态。水量可恢复主要是因为水具备可循环性的特征。陆地上不同类型的水体均处在全球水循环中，同时会在很长时间当中维持水量平衡。因此，水资源与矿产资源不同，如果对矿产资源进行持续使用的话，总有一日会用完，矿产资源有可耗竭性的特点。对于水资源来说，假如能够科学增加以及诱导天然补给，有效地保护水资源用量及其空间，不仅可以实现永续利用，还能够让水资源有所增加。比如，人为把控地下水的埋藏深度能够增加地下水的补给量，尽可能地减少蒸发量。水资源水质可改善性指的是可结合水体环境与物化特性，利用水体的自净功能和地质环境的水体净化功能促进水质的有效改善。当然也可以在人为技术手段的支持下改善水质。从广义的水资源看，作为景观存在、满足人类审美和精神需要的水资源本身不具有消耗性，只要加以保护就可以满足持续开发利用的要求。水资源可再生性要求我们做好其生成环境的一系列保护工作，对水资源进行科学节制性的应用，如此便能让水资源为人类发展持续提供必要支持。

（四）水资源的有限性与不均性

通过对前面水资源量的论述，我们发现真正能够满足人类开发利用要求的淡水资源是非常匮乏的，在时空分布方面也非常不均衡，距离人类的实际淡水需求是有极大差距的。再加上水通常是就地利用的，要进行远距离的运输非常困难，而且世界上不少国家与地区存在水资源极度匮乏的现象。我国就是水资源比较缺乏的一个国家，主要体现在以下几个方面：水资源地域分布不够均匀；水资源和人口、土地、经济建设等的匹配不适应；年际年内水资源变化幅度很大；我国的水旱灾害频繁发生。淮河、黄河、海滦河、辽河、黑龙江这几个流域的人均水资源量只是稍超过 900m^3，海滦河、淮河流域分别是 400m^3 和 600m^3。国际上规定的水资源紧张的标准是人均年水资源可分配量低于 1 000m^3。北方占有全国 64% 的耕地，但是占有的水资源只有 18%。从开发利用程度方面进行分析，黄河及海河地表水资源的开发利用程度已经到达了 50%，海河的开发程度已高达 90%。但是当前全国范围内，水资源开发利用的平均水平是非常低的，只有 19%。大量的国内外实践显示，如果流域水资源的开发利用程度大于 40% 的话，就会出现很多方面的生态环境破坏问题。水资源本身是非常有限的，再加上水资源在时间和空间方面的分配非常不均匀，因而给国家经济建设工作带来了一定的困扰和阻碍。我们必须深刻认识到水资源匮乏的严重性，并高度关注问题的解决。我国在“八五”期间就特别提出了全面节约战略，要求对国家资源进行科学管理，减少资源消耗和资源占有的情况。水资源同样是非常有限的资源，在利用水资源的过程中要把全面节约战略准则落到实处，也就是说一方面要积极应用技术与管理等方法提升单位用水的经济产品或服务产量；另一方面要运用好市场手段，使水资源流向人们最需要的部门。总之，就是要使有限的水资源最大限度地为人类提供各类社会、经济与生态福利。

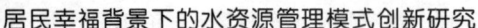

（五）水资源环境较脆弱、易破坏

水资源和水资源的环境与社会各行各业的发展建设有着非常密切的关联。要保证国家经济建设工作的顺利推进，促进社会的长足进步，保证生产生活活动的有序开展，就必须利用水资源。各行各业在依靠水资源的同时会作用于水资源，进而构成一个彼此关联的有机整体。在目前水资源短缺问题逐步加重的背景下，人们往往会将关注点放在探寻水源上，放在满足人类水需求上，忽视水资源与自然环境的容纳能力和变化规律，因而导致资源环境系统和社会生产系统不能和谐相处，也由此导致了很多水环境问题，使人类生存与社会发展受到很大的威胁与挑战。现如今水环境问题频繁出现的情况表明了在工业社会中人们过高在意人的技术能力，忽视对客观规律的尊重，并没有处理好资源利用和社会经济发展之间的辩证关系。早在一百多年以前，恩格斯就曾给出警告："我们不能陶醉在我们对自然的胜利上。因为每次的胜利都会得到自然的报复。每次胜利都切实达到了预期效果，但是接下来产生的一系列意外影响又常常完全打破我们之前收获的效果。"因此，我们除了要意识到水资源拥有多元化的社会功能以外，还必须意识到水资源很容易受到威胁，也容易遭到破坏，非常脆弱。否则，人类一定会受到自然的严重报复，甚至陷入生存和发展的困境。水环境容易遭受破坏并且非常脆弱的特点主要体现在：第一，水环境很容易遭到污染，让清洁水域失去原本的利用价值，而且污染物在水环境中还容易出现大面积扩散的情况。第二，水环境很容易受到破坏，尤其是地下水一旦出现过度开采的问题，就会导致水资源在质与量方面都丧失平衡，甚至导致地质环境问题，影响水资源的应用价值。在全球《21 世纪议程》第 18 章中，全球环境与发展大会特别强调：把淡水资源当作有限而又脆弱的自然资源，实施科学有效的管理，在国家经济与社会政策框架之下，制定综合性的水规划及水计划对于资源保护和利用工作的实施非常重要。对水资源实施综合化管理是保证水经济系统有效运转的关键。水资源环境的整体性和脆弱性警示我们，在资源开发时要有系统思维和综合理念，将水、土、植被及其他相关要素作为一个整体加以考虑，要注意对环境的保护，要取之有度，用之有节。

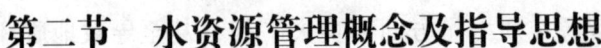

第二节　水资源管理概念及指导思想

纵观当前世界各国的发展状况，各国在经济建设与社会发展进程中都面临着不同程度的水问题，如水污染问题、水灾问题等，同时水资源的开发利用过程中也出现了诸多负面效应，水问题成了威胁人类生存发展的一个重大问题。这些问题的出现，让人们开始思考用水行为，意识到了做好水资源管理工作与提升水资源开发利用水平的重要价值。

水资源是整个生态环境体系中最活跃和基本的要素，是人们生活中的重要资源，为社会经济的繁荣发展提供了基础与战略资源支持。因此，水资源拥有量成了国家综合国力评估的一个关键指标，对水资源的调控及应用能力体现了国家的科技水平与社会发展层次。总而言之，对水资源进行可持续性的管理与利用是助推经济社会持续性发展的坚实保障。

一、水资源管理基本概念

（一）国内外对水资源管理概念的定义

现今，水资源管理的概念尚无统一明确的界定。下面将国内外对水资源管理概念有代表性的定义阐述如下。

1.《中国大百科全书》：水资源管理指水资源开发利用的组织、协调、监督和调度。运用行政、法律、经济、技术和教育等手段，组织各种社会力量开发水利和防治水害；协调社会经济发展与水资源开发利用之间的关系，处理各地区、各部门之间的用水矛盾；监督、限制不合理的开发水资源和危害水资源的行为；制定使水系统和水库工程的优化调度方案，科学分配水量。

2. 联合国教科文组织国际水文计划工程组（1996）的定义：支撑从现在到未来社会及其福利而不破坏它们赖以生存的水文循环及生态系统完整性的水的管理与使用。

3. 冯尚友《水资源持续利用与管理导论》中的定义：水资源持续利用管理是指为保证可持续发展战略目标的达成，在水资源及其环境的开发治理与保护利用进程中所开展的一系列规范性实践活动的总称。

4. 柯礼聃《中国水利》中的定义：社会和政府对水资源开发、利用、保护和防治水害的动态化管理、水资源权属管理。如果是国际河流，水管理还涵盖邻国的水事关系。

5. 任光照《中国资源科学百科全书》中的定义：管理部门运用多元化手段进行水资源的开发利用、调度、保护，实现全方位的管理，进而满足社会经济发展的实际需求，改善环境对水的需要。

（二）对水管理概念的进一步解析

综合上述定义，水资源管理概念为：水资源是在开发利用和保护水资源过程中出现的，在实践中持续发展起来的。在水资源和水资源环境对社会各行各业及诸多领域影响力越来越大的情况下，在当前日益紧迫的缺水危机下，水资源管理不断深化发展。一般情况下，在水资源管理中需要特别考虑三点，经济效益、技术效率和实践可靠性。因为当前人们的可持续性发展理念已经逐步形成，实现对水资源的可持续开发利用成了备受肯定和普遍适用的管理原则。因而，现代水资源管理要求在开发利用中做到以下几点：

1. 注重水资源及其环境的承载能力，遵循水资源系统的自然循环规律，提高水资源的开发利用效率。

2. 优化配置水资源，在保障经济社会与水资源利用协调发展中维护水资源系统在时间与空间上的动态连续性，使今天的开发利用不致损害后代的利益。

3. 地区间乃至国家间开发利用水资源应享有平等的权利，并将保证基本生活用水的要求当作人类的基本生存权利。

4. 运用现代科学技术和管理理论，在提高开发利用水平的同时，强化对水资源经济的管理，尤其是发挥政府宏观管理与市场调节的职能作用。

对水资源管理概念进行有效界定，明确其内容，在开展实际管理工作方面有着重要意义，也有助于完善管理体制，促进管理改革。不过，因为水资源管理涉及面广、内容复杂，受诸多因素的影响，所以要想真正得到一个既经得起实践检验又能够被大家接纳的定义相当有难度。综合各个定义得出以下定义：水资源管理是指结合水环境承载力，遵照水资源系统自然循环功能，依照社会经济与生态环境规律，运用综合手段，对水资源进行有效规划与配置，调控涉水行为，确保水资源的有效利用，推动经济社会的持续性发展。具体包括如下几个相互联系的方面：统筹规划是合理利用水资源的整体布局、全面策划的关键；政策指导是进行水事活动决策的规则和指南；组织实施是通过立法、行政、经济、技术、教育等手段组织社会力量，实施水资源开发利用的一系列活动实践；协调控制是处理好资源、环境与经济、社会发展之间的协同关系和水事活动之间的矛盾关系，控制好社会用水与供水的平衡和减轻水旱灾害损失的各种措施；监督检查是不断提高水的利用率和执行正确方针政策的必需手段。

二、水资源管理的重要构成因素分析

任何管理系统都包括五个组成要素，即管理目的、管理主体（管理实施者）、管理客体（管理对象）、组织环境或条件（管理条件）、管理方法（怎么管理），水管理系统也不例外。一个完整的水资源管理系统主要包括两大部分，分别是管理主体和管理客体，二者均要在一定管理制度与管理体制之下活动，也会受到社会环境条件的制约。水资源管理目的是指这项管理工作最终想要实现的目标。在传统水资源管理中，人们对水提出的要求，既包括对水量、水质的要求，也包括通过对水相关环境要求而间接形成的要求等。水资源管理主体一般指开展管理工作的机构，其是由不同层次对水进行管理的组织构成的一个整体化系统。除政府及其部门外，现代水管理还要求将各类非政府组织、公众、生产者纳入管理主体中，实施多元共治。水资源管理客体即管理对象，主要由水资源系统和与之相关的组织和个人构成，如水资源的开发者、利用者等。当然，管理者的系列管理行为也需要接受监管和约束，因而可以算作管理对象中的一部分。

为实现特定的水资源管理目标，水资源管理主体对水资源管理对象的管理需要依据一定的制度、规则，运用特定的管理手段。水资源管理制度是一个复杂的综合体系，涉及水管理系统运转的规则及规范化要求，如水价制度、水权制度，包括正式与非正式的法规规则；既可包括对管理者约束的规则、对水资源和水环境开发利用者约束的规则，也包括协调两者关系的规则。水资源管理体制是管理组织形式，有集权和分权管理，也有以流域或者区域为主的管理。水资源管理体制既涵盖水资源管理组织机构，也含有明确组织机构间权责的规章制度。水资源管理方法的含义是管理主体为达成管理目标，在一定管理制度与体制的约束之下，对管理对象采取系列调控措施，综合涵盖计划、法律、行政、经济、宣传等多个方面。此外，水资源管理系统还包括影响水资源管理的多元化社会环境要素。

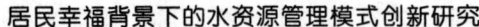

由此观之，水资源管理系统的特点是把自然界存在的有限水资源通过供水系统与社会、经济、环境的需水要求紧密联系起来的一个复杂的动态系统。现代经济的发展对水的依赖度也在持续升高，同时也对水资源管理提出了更高的要求。不同国家在不同阶段的水资源管理和社会发展环境以及水资源开发利用水平存在着非常密切的关联。另外，世界各国因为在政治、宗教、自然地理、生产水平、文化等诸多领域存在差别，所以他们在实施水资源管理当中所设置的目标、内容与选择的形式也有所不同。不过其中还存在着一个重要的规律，那就是水资源管理目标均与本地经济发展目标与生态把控目标相协调，除了要对自然资源与生态环境要素进行积极考虑之外，还需要顾及经济承受力这一要素。

三、水资源管理的指导思想

在目前的人类公共环境治理体系当中，水资源管理是至关重要的构成部分，而这项工作的开展也离不开一定的指导思想和原则。现代可持续发展观、公共治理理念、系统理论思想等为现代水资源管理提供了基本指导思想，也为其揭示了基本指导原则。

（一）可持续发展观与水资源可持续利用思想

可持续发展观是人类文明的重要标志，现如今这样的思想观念已经渗透到人类社会发展的不同领域，也逐步成了指引人类发展的普适性原则。可持续发展强调的是既要满足当代人生存发展的需要，又不会危害到后代人需求的满足。水资源可持续利用指的是要促进水资源与经济、自然、人类生存发展相协调，保证水资源的良性循环和科学应用。与此同时，积极提倡对水资源的优化配置以及合理化应用。水资源可持续利用需要秉持科学发展观，坚持以点带面，循序渐进，提高水资源的利用效率，最终促进地区整体水资源结构的优化，让水资源真正实现可持续利用。

（二）建立完善的水资源管理制度思想

制度治理是如今社会的长效治理理念。健全水资源管理制度，充分发挥制度的约束和指导作用，对协调用水关系及根治水环境问题有着积极作用。针对这样的情况，要把建设水资源管理制度作为重中之重，依照地区总量控制与定额管理的实践要求，在立足水量分配方案的前提条件之下，确定流域及区域的用水许可总量，最终完成对水资源的科学化利用及合理化配置。要对用水和取水的程序进行科学设置与规范，限定用户取水量，对年度取水计划进行有效设置，同时需要做好取水权的分配登记与管理工作，完善健全水资源调配制度。另外还需要对水资源管理体系进行积极建设，加强部门之间的沟通互动，解决部门间在协同工作当中存在的问题，实现对区域以及流域当中水资源的统一调配，提升水资源应用的综合效益。

（三）注意经济手段应用的思想

为了保证水资源的有效利用，提升整体利用率，需要将水资源的有偿应用作为重要准则。完善水资源费用征收管理制度，科学合理地制定水资源收费标准，改变过去价格较低甚至无偿使用的管理方式。与此同时，需要依照水资源分配额度及具体的需求做好价格的监管和调控工作，落实阶梯水价，对人们进行督促和指导工作。注意运用环境税费和生态补偿以及市场交易手段，激励用水者节约用水，要求污水排放者减少污水排放，提高用水效率并实现用水公平。其中，排污税费体现污染者付费的原则，将污染外部成本内部化，以激励企业减排；生态补偿体现保护者收益的原则，通过为水环境保护者提供经济支持来激励水环境保护行为的可持续；市场交易手段则在节水和减排能力存在差异的情形下，为通过节水和减排后水权配额结余者获取额外收益提供了途径，从而激励企业采取技术手段将用水量和排污量降低到配额限制范围之内。

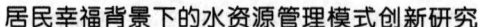

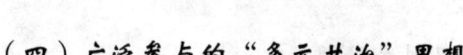

（四）广泛参与的“多元共治”思想

广泛参与原则与多元共治是现代社会治理的重要理念。现代社会结构日益复杂，利益诉求日趋多样化，面临的社会问题更加复杂。单纯凭借政府的力量是无法真正解决问题的，这一过程当中还需要有关利益群体的广泛参与，形成政府主导下的政府机构、非政府组织、公众团体以及企业共同参与和共同实践的治理格局。水资源是一种基础的自然资源，为人类生产生活普遍使用，水资源与水环境及其管理涉及广大社会成员的普遍利益，所以要解决相关方面的问题，需要全社会的普遍参与。水资源管理中的社会参与应贯穿其决策管理的各个方面，包括建立水事听证会制度、用水者协会制度及不同部门间决策协调制度等。

（五）系统思考与整体管理的思想

系统理念和系统思考是现代社会人类对客观世界认知的重大进步，成为指导人类实践的重要思想。随着人类对水资源与生态环境、水资源与人类社会经济发展之间关系认知的加深，人们越来越发现水资源、自然环境、人类社会之间构成一个复杂系统，解决水资源问题需要系统思考和整体管理的思想。系统思想在水资源管理中要求对水土植资源间、不同水资源间、水资源与水环境间、水资源环境与人类社会发展间、社会经济不同部门间进行系统思考，统筹协调管理，如应将流域作为水资源管理的基本单元，统筹考虑流域内社会、经济、环境等诸多要素，实现对水资源的系统性和综合化管理。

（六）实现人水和谐与协同发展思想

人类想要更好存在在地球上，并且实现持续性发展，就要深刻意识到人是整个自然环境体系当中的一员，不可以凌驾于自然之上，正确的做法是要与自然和谐共处。水资源是存在于地球上的尤为珍贵的资源，只有保证人与水资源的和谐相处，才可以促进水资源的科学化利用与开发，实现人类生命的延长，同时创造更多财富。人与水和谐相处必须要严格遵循以下几项原则：第一，健康原则。人只有最大化地减少与控制水环境污染问题，才能够保证本身的健康水平。第二，发展原则。人类在开发利用水资源的过程中需要以促进未来发展和可持续性发展作为根本准则，做到节约用水，对水资源进行有效分配，加大对水资源的保护力度。第三，协调原则。人类在运用水资源创造财富的同时，将水资源的利用价值发挥出来，最终实现永续利用，促进人和水资源协调共进。

四、水资源管理的基本原则

在几年前我国水资源管理部门就提出“五统一、一加强”原则，即坚持实行统一规划，统一调度，统一发放取水许可证，统一征收水资源费，统一管理水量水质，加强全面服务。国内外学界和相关机构也提出各自不同的管理原则，为水资源管理工作提供指导。

1987 年版《中国大百科全书》中，陈家琦等人提出的管理原则主要涉及：实现效益最优化；坚持地表水与地下水统一规划和协同调度；坚持开发和保护并重；水量和水质统一管理。

冯尚友在《水资源持续利用与管理导论》中指出的管理原则有：实现水资源开发、防治水患和保护环境一体化；全面管理地表水与地下水、水量与水质；将水资源的开发和节约利用放在同等重要的位置；强化组织、法制、经济和技术管理的配合作用。

全球水伙伴提出的管理准则有：把水土当作一个整体并对其实施有效管理；把水当作一种商品并对其进行高效利用；水资源的开发利用和管理实践要倡导公众参与；发挥妇女在水资源供应、管理及保护中的核心作用。

综合概括国内外现已提出的有关水资源管理的原则，现代水资源管理至少要把以下几项原则落到实处：

1. 加强生态保护，践行可持续发展战略的原则。整个生态环境是人类赖以生存与发展的根基，同时也是促进水资源再生的不可缺少的条件。在整个生态环境体系中，水是最为活跃的构成要素。在对水资源进行开发利用和有效管理的进程中，必须将保护生态环境放在核心位置，从而奠定水资源持续利用的基础，同时也有利于促进可持续发展战略的全面落实。利用强化管理的方式，对一系列水事行为进行规范化指导，彻底改变过去不恰当开发水土资源的情况，最大化地减少直至消除会对水资源持续利用产生不良影响的生产、生活与消费方式。严格遵循自然与经济发展规律，妥善处理水资源和社会各行各业之间的关系，保证水资源开发利用的科学性，最大化地保护生态环境。开发利用水资源除了要考虑社会发展对水量、水质提出的要求之外，还需要考虑限制水资源的条件，特别是要考虑到水资源有限和水资源环境脆弱的问题以及水资源环境的具体承载能力。在制约因素的约束之下，寻求水资源与社会、经济和环境的协调进步。

2. 地表水与地下水、水量与水质实现统一化管理的原则。水资源是由地表水和地下水共同构成的，二者存在着互补转化、彼此关联、互相影响的关系。水资源包括水量和水质这两个重要方面，这两个方面也共同决定和影响水资源的开发利用价值，所以二者存在着依存关系。不管是开发利用水资源的哪个部分，都会导致水资源在数量和质量方面出现变化。所以，要利用水资源流动性及储存条件，做好联合统一调度，做好对地表水与地下水的统一配置与管理工作，让水资源的利用率得到有效提升。另外，考虑到水资源和水环境的污染问题有所增加，能够利用的水量逐渐减少，甚至影响到水资源持续利用的潜能，所以在制定水资源开发利用规划和相关方案时，需要同时考虑水量和水质这两个方面的问题，坚持优水优用的原则，保证水质和水量。要发挥好水资源管理在资源配置中的综合价值及作用，使水资源及其环境实现可持续发展。

3. 水资源开发利用实现统一协调管理的原则。水资源应该通过流域和区域相整合的方式实现统一规划与调度，以打造系统完善和协调规范的管理体制。在调蓄径流及水量分配的过程中，必须兼顾上下游及左右岸，同时还需要做好渔业与生态环境的保护工作。另外，要统一发放取水许可证、统一征收水资源费。发放取水许可证和征收水资源费，体现了国家对水资源的权属管理，也体现了对水资源的配置规划和水资源的有偿使用制度的落实。《中华人民共和国水法》《取水许可和水资源费征收管理条例》规定，对从地下、江河、湖泊取水实行取水许可制度和征收水资源费制度，它们是我国水资源管理的重要基础制度，是实施水资源管理的重要手段。对优化配置水资源，提高水资源利用率，促进水资源全面管理和节约保护都具有重要的作用。实现水务纵向一体化管理是水资源管理改革的重要方向和趋势，这样做的目的是帮助实现对城乡水资源的统筹规划以及合理化调配，实现对水资源开发利用全过程的把控，促进水资源管理在时空、质量、开发治理、节约保护等方面的统一，获得良好的经济和社会效益，同时保障好生态环境。

4. 确保生活与生态环境用水的同时，兼顾统筹其他用水的原则。我国颁布的《中华人民共和国水法》当中明确规定，对水资源进行开发利用，首先需要满足广大居民的生活用水需求，在此基础之上需要统筹兼顾第一、第二与第三产业的发展。在干旱及半干旱地区，在开展水资源开发利用工作时，需要把管理生态用水放在重要位置。在水资源比较匮乏的地区需要限制耗水量大的工业农业的发展，以免给水资源开发利用工作带来不可逆转的伤害。水是人类的生命线，也是社会发展与经济建设的生命线，又是落实可持续发展战略不可缺少的物质根基。这句话表明了水在生活、生产中的突出价值。世界各国在水资源管理当中存在着一个普遍共性，那就是将满足生存基本用水作为不可侵犯的第一目标。现如今我国生态环境遭到破坏的情况非常明显，在环境不断恶化的背景下，环境用水的重要性也逐步凸显。考虑到环境用水的要求及人类持续发展的内在需要，将环境用水和人类基本生活用水放在同等重要的地位也是非常必要的。我国是人口与农业大国，一直以来都把粮食安全放在重要地位，因为粮食安全是影响国计民生的大事，保证科学化的农业用水的重要性要远远高于其他方面用水的重要性。要优先保证人类日常生活、生态用水的需求得到满足，实现农业合理用水，然后才能够安排其他方面利用。

5. 开源节流并举和节流优先、治污为本的原则。我国人均水资源占有量很少，而且显现出逐年递减的趋势，再加上目前水资源污染问题非常严重，甚至有恶化趋势，导致我国的缺水问题也逐步显现出来。《中华人民共和国水法》指出要厉行节约，推行节水措施，推广节水技术和工艺，积极发展节水型的产业，促进节水型社会的建成。各级政府需要充分承担各自职责，积极运用一系列的方案，做好节约用水的管理工作建设，节水技术开发及技术推广，积极推动节水产业的发展；在国家范围内落实水资源总量控制与定额管理的规范化制度；结合用水定额、技术条件、用水分配方案等诸多因素，确定本区域的用水量，提升用水计划的科学性，做好年度用水的总量把控；各单位必须将水污染防治工作落到实处，努力改善水质，特别是要依照《水污染防治法》当中给出的明确规定，监管水污染防治工作。就像我国在设计制定南水北调方案时，就一直把“先节水后调水、先治污后通水、先环保后用水”原则贯穿全程。这样的做法在弥补水资源不足和水资源浪费的缺陷等方面发挥着积极作用。对现代社会的发展来说，只有把开源节流和防污治污工作统一起来，才能够促进水资源可持续利用战略的贯彻落实，才能够让人们的生活条件得到改善，为国家与社会的繁荣发展提供持续性动力。

6. 遵循按市场经济规律办事、发挥好市场机制在推动水资源管理方面的积极作用的原则。依照政府机构改革与水资源管理体制改革提出的要求与系列精神，坚持政府、事业单位、企业单位分开的准则，促进政府职能的转换，使政府的宏观调控监管作用得到有效发挥，进行水资源活动时落实统一的法规、政策、规划、监测、调度、治理，同时制定统一化的用水定额，统一制定水价，统一发放、吊销取水许可证，做好水资源费的统一征收工作。企业依照市场规律进行发展与运作，同时全面完成现代企业制度改革，保证自身建设的有效性。事业单位在政府授权之下开展各项工作，同时在政府实施宏观调控的过程中提供技术方面的支持。结合水资源管理中的水资源费、水费征收管理制度与补偿机制，建立全成本水价体系的定价与运行机制。这些工作的开展都需要以政府的宏观调控及整体监管为基础，充分发挥市场与社会机制的作用，发挥市场调节在资源配置当中的积极作用，保证用水的合理性。

第三节　水资源管理方式及措施

水资源管理工作的实施需要在水资源可持续利用及在经济持续发展战略的指导之下开展系列水事管理工作，而且这项管理涉及面广泛，影响面也非常广泛。所以，水资源管理方式需要将多种多样的手段结合起来，做到彼此密切配合，互相支持，最终才能够让水资源和其他要素协调统一。水资源问题的根源在于人，因此水资源管理的根本举措是要做好人的管理，解决广义人力资源稀缺问题。

一、基于传统理念下的水资源管理方式

法律、行政、经济、技术、宣传教育等传统水资源管理手段的综合运用具有十分重要的作用，依法治水是根本，行政措施是保障，经济调节是核心，技术创新是关键，宣传教育是基础。

（一）法律手段

法律手段是管理水资源及涉水事务的一种强制性手段，依法管理水资源是维护水资源开发利用秩序、优化配置水资源、消除和防治水害、保障水资源可持续利用、保护自然和保持生态系统平衡的重要措施。《中华人民共和国水法》规定，未经批准擅自取水的、未依照批准的取水许可规定条件取水的，由县级以上人民政府水行政主管部门或者流域管理机构依据职权，责令停止违法行为，限期采取补救措施，处二万元以上十万元以下的罚款；情节严重的，吊销其取水许可证；拒不缴纳、拖延缴纳或者拖欠水资源费的，由县级以上人民政府水行政主管部门或者流域管理机构依据职权，责令限期缴纳；逾期不缴纳的，从滞纳之日

起加收滞纳部分千分之二的滞纳金，并处应缴或者补缴水资源费一倍以上五倍以下的罚款；拒不执行水量分配方案和水量调度预案的、拒不服从水量统一调度的、拒不执行上一级人民政府的裁决的、在水事纠纷解决之前，未经各方达成协议或者上一级人民政府批准，单方面违反本法规定改变水的现状的，对负有责任的主管人员和其他直接负责人员依法给予行政处分等。

大量的法律法规指出了水资源开发利用与管理行为主体的责、权、利，也对人们的行为进行了有效规范，为水资源管理工作的有效实施提供了必要根据和重要的手段支持。水资源管理，一方面要以法律为依据，也就是国家方面要将相关要求和做法用法律形式固定下来，利用法律强制执行，并且把法律法规当作管理活动的准绳；另一方面要做好执法工作，做到有法必依和执法必严，只有这样才能凸显法律的权威性，发挥法律的效力。水资源管理部门需要积极拿起法律武器，做好水资源的一系列管理工作，提高对司法部门的协助与配合力度，处理违反管理法律法规的违法违规行为，并帮助做好仲裁工作。

依照相关法律法规对危害水资源及引起水环境问题的情况进行严肃处理，对严重行为还要提起公诉，追究其法律责任；根据有关法律法规的要求处理损害他人权利、破坏水资源和水环境的个人与单位，并追究其损失赔偿的责任。可以说依法管理、促进立法和执法工作的落实是确保水资源持续性利用的根本。

（二）行政手段

行政指的是国家层面上的组织活动。运用行政手段进行水资源管理，强调的是国家与地方水行政管理机关依照职能配置与行政法规所赋予的权利，面向水资源和水环境管理工作制定法律法规、出台方针政策，并且制定相应的标准，做好一系列的监督协调工作，保证行政决策和管理工作落到实处。所以说行政手段是做好水资源管理的体制与组织行为保障。水资源的行政管理需要重点把控以下几个方面：第一，水行政主管部门严格落实国家规定的有关水资源管理的方针政策及实施战略，定期或者不定期地向政府及整个社会报告本地水资源的现状和管理情况。第二，组织并且制定国家与地方的水资源管理政策、规划，并报请政府审批，得到审批许可之后就具备了行政法规的效力。第三，利用行政权力面向某些区域实施特定管理，如确定水功能区、编制缺水应急预案等。第四，要求造成严重水污染和水环境污染的企业进行限期整改，情形严重的，还要勒令其关、停、并、转、迁。第五，利用行政管理方法对容易出现污染和极大耗水量的工程项目进行约束。第六，积极鼓励水环境保护及节约用水的实践活动。第七，做好水事纠纷问题的调解和处理等。行政手段的显著特征是强制性及准法治性并存。毋庸置疑，行政手段不仅是水资源管理的重要执法路径，还是解决突发事件的重要组织与执法方式。

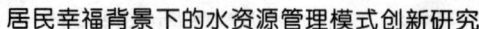

（三）经济手段

水利是整个国民经济体系当中的基础产业类型，水资源不仅是必不可少的自然资源，也是重要的经济资源。在管理实践当中运用价值规律、经济杠杆调控生产者在水资源开发利用当中的行为及水资源的分配，保证合理节约用水，严格限制惩处损害水资源和水环境的行为，奖励保护水资源、水环境以及节约用水的行为。在如今的市场经济环境之下，将经济手段应用于水资源管理的重要性逐步凸显，而且该手段的应用普遍度也在逐步增加。在众多的方法当中主要包含审定水价和计收水费、水资源费，核定计收排污费、构建并落实水污染补偿或赔偿制度、建立排污权市场交易制度、并落实奖罚措施等。通过发挥政府在水资源定价方面的导向作用、价格对资源配置的调节作用，促进水资源的优化配置，保证水资源管理实践的有序开展。排污费的计收，既可对排污者通过多种手段减排起到激励作用，也为弥补水污染环境损害治理成本提供了资金来源。水污染补偿或赔偿制度的建立则在激励排污企业减排的同时使污染受害者得到一定的经济补偿，体现了环境公平。初始排污权和水权交易制度主要是借助市场对资源的有效配置作用，使稀缺的水权和排污权资源在不同的使用主体之间实现合理流动，由于允许交易的水权和排污权是交易者采用先进技术节约的配额，可起到激励企业节水减排的作用。

（四）技术手段

技术手段是运用科技这一第一生产力，通过发挥科学技术的积极作用来提升生产率，保证水资源开发利用有效率，最大化地降低水资源消耗，减少对水资源及水环境的损害，保证水资源管理的有效性。如前所述，科技手段是在有限水资源和水环境约束下，提高单位水资源和水环境人口经济承载力的重要手段，提升水资源利用率是在有限水资源和水环境限定下人类经济规模得到进一步增长的关键措施。通过发挥技术的积极作用，确保水资源开发利用和管理保护的科学化水平。在具体的技术应用当中可以采取以下方案：第一，制定针对水资源及水环境的监测、评价、定额等规范标准。第二，结合监测资料与其他方面的综合信息，评估并且规划水资源，撰写水资源报告及其公报。第三，积极普及推广水资源开发利用及管理方面的先进技术手段。第四，推广治理水污染和恢复水环境生态的技术手段。第五，有效运用技术与管理手段做好有关领域的科研与科研成果推广工作。不少政策法规的制定落实也涉及大量的科技问题，因此最终能否达到水资源持续性利用的目标，取决于科技发展水平的高低。做好水资源的管理，需要以科教兴国战略为根本指导，充分发挥科技进步的积极作用，有效运用全新的理论与技术手段，助推水资源现代化管理的实现。

（五）宣传教育手段

宣传教育在水资源管理工作中发挥着积极作用，是不可或缺的管理手段。关于水资源的知识普及推广，水资源可持续利用观念的建立，国家相关法律法规的落实，水情通报等方面的工作都需要运用宣传教育的方法。宣传教育手段的有效应用有助于发挥水资源保护和节约用水的思想、道德的约束作用，对人们的用水行为进行有效调控。在具体的宣传教育中，可以利用报纸、广播、电视、讲座、演出等传媒形式，扩大宣传教育的范围让广大人民群众能够充分认识到做好水资源管理工作的重要意义，提升全民节水意识，建立节约用水的良好社会风尚，确保水资源管理工作的全面贯彻落实。另外还需要加大对水资源管理者的教育培训工作，运用多元化的教育培训方法，提高他们的理论素质和专业素养，让他们能够在水资源管理工作中发挥积极作用和综合能力。

水资源问题是一个全球性问题，世界各国都关注水资源管理这件大事，并在这件事情的处理方面积累了丰富的实践经验。所以水资源管理各个方面都需要关注国际经验的分享与互动，注意吸收和借鉴国外先进的理论与技术，另外还需要输出国内的相关管理办法与管理技术，促进彼此沟通与相互合作。解决国际水域或河流水源等方面的问题，需要积极打造双边或多边国际公约或国际协定，妥善处理彼此之间的关系。在具体的资源管理环节上面所论及的系列管理手段需要做好配合与支持，共同打造综合系统的管理措施，保证水资源综合管理能力的提升。

二、实行水资源管理有效措施的开展

鉴于水资源的本质特征及水资源问题产生的根源辨析，本研究认为水资源管理应以统筹充分满足人类多层多样用水需要为目标，以提升人类的管控自我欲望的能力、正确认知和处理人水关系能力、处理好人类用水关系的能力为抓手组织展开。

（一）提高人类认知、管控自我发展欲望的能力

1. 提高对人类生产与消费需要的理性认知和控制能力，形成适度经济规模和适量人均消费量。人类需水过度扩张并非仅是满足日益增长的人口基本生存的需要。在用水效率短期难以大幅提高有限或水资源利用效率不可能无限提高的情形下，当代人类对资本利润的过度追逐从而造成经济规模的非理性膨胀；人类过度、奢侈性的非理性消费也是当前人类水资源水环境过度占用的重要原因。在市场经济条件下，资本对利润的追逐具有无限的张力，而利润的最大化依赖于生产规模的无限扩张，这必然会使经济增长超过人类所需（即生产过剩）而对水资源的非理性过度占用。与资本对利润的过度追逐相适应，消费主义文化的盛行必然使人类对经济产品及水资源过度消费，增大人均水资源的消耗量。因此，有必要采取多种手段提高人类对水资源的有限性、生产消费合理规模的认知，控制好人类的经济增长欲望和对物质财富和水资源直接消费需求。党的十八大以来，我国主动调低经济的经济增长速度，实施了最严格的水资源管理制度，为总体用水规模和水污染物排放规模划定了红线，提出“以水定产”“以水定地”“以水定城”“以水定人”的发展原则，给出居民生活用水标准，即是这方面措施的具体体现。

2. 加强与水资源、水环境及人类物质理性需求相关的科学教育和宣传工作，增强人类水环境意识和社会责任感，并树立理性增长和理性消费的意识。当前人类特别是普通公众对自身发展与消费需要认知能力有限，对水资源、水环境及其与人类关系认识还不够充分，因此，加强宣传教育实为必要。只有了解当前水资源情况及其对人类的多重价值意义，意识到水危机的严峻形势，并认识到生计需要和物质消费不是自身

生存发展唯一需要，不是自身幸福的唯一来源，人类才有水危机感，进而才会有意识采取措施保护水资源，才能合理控制自身经济发展速度和规模以及对水资源的直接消耗。除了科学教育外，相关的道德教育和宣传工作也同样重要。在社会上应形成节水、护水的良好风气，以污染水、浪费水为耻，提高每个人的责任感和道义感，最终真正成为一个合乎理性、自由全面发展、“天人合一”的人。当前尤其需要增强人类正确的水资源利用与消费观，多宣传水资源对人类的生态价值及对人类非物质层面需要的满足，在行动上结合水资源和水环境利用总量限制和配额管理制度措施，遏制人类对水资源物质层面的利用和索取冲动。

（二）提升人类认识和利用水资源的能力

1. 积极探索水资源系统运行和发展规律，按照水资源系统运行发展规律开发利用水资源与水环境规律。当前，水科学研究发展迅速，人们对水资源系统运行和发展认知日渐加深，如对水资源的自然循环规律、对水环境纳污能力和净污机制已有较深刻的认识，对水资源社会循环与人水耦合关系规律的认识也有了初步研究和认知（王浩等，2011；龙爱华等 2011；王建华，2014）。这些成果为人类科学开发利用水资源与水环境提供了知识基础。在充分了解水资源系统运行和发展规律的前提下，遵循和利用其规律来开发利用、管理及治理水资源。根据水资源的用途和地区、流域差异等因地制宜地开发利用水资源，统筹管理好水资源。具体分析水危机的情况，针对不同的水资源问题来系统地采取措施治理。尽管当前人类对水的研究取得很大的进步，但现实中作为用水实践主体的公众和生产者对这些知识掌握得还不够，还不能变成对公众和生产者开发利用水行为的有效指导，还需要大力普及。此外，水资源系统本身也有诸多规模未被人类认知，如在复杂环境背景下水资源可持续利用量及水环境的污水容纳和净化能力还无法精确核算等等。因此，人类需要不断探索水系统的奥秘，解开水的层层面纱。只有对水资源有深刻、正确的认识，才能科学、合理地使用与管理水资源。

2. 基于对自然规律的认知，依靠科学技术手段和先进工艺设备提高水资源和水环境的利用能力和利用效率。当自然界可利用水资源和水环境总量有限时，只有通过提高资源环境的利用效率，才能增加单位水体对经济和人口的承载能力，才能为有限水资源环境约束下经济和人口进一步增长以及人类物质生活水平进一步改善提供空间和可能。这为如何协调当前人类人口与经济增长需要与水资源水环境有限矛盾指明了出路。在资源环境的约束下实现人类可持续发展，并不意味着人口、经济规模与消费增长的停滞，而是要在资源环境的承载能力范围内与人类对资源环境利用能力和效率的提高相适应。应依靠科学技术进步，修建一些有利于国计民生的水利工程，确保水利设施的更新换代，研发和推广水循环利用、海水淡化技术等，突破水事业发展的“瓶颈”。

（三）提高对人类对水资源开发利用关系管理能力

1. 加强对水问题与水危机社会层面的理论研究，提高水资源问题产生的社会根源的认识。要加大对有关水资源的制度、管理、规划等的研究，从理论上做好治理水危机的准备。水资源问题固然与人类发展欲望过强、对水资源规律认知不够、利用水资源环境的能力不强有关，但也与对水资源环境开发利用管理能力不够不无关系，如用水规划缺失、制度不完善，管理手段落后等。这反映了人类对水利用社会关系规律认知和管控能力的缺陷。在用水规划方面，人们若未能科学认识和处理人类不同层次用水需求关系，就可能将水资源过多地配置于经济部门。而使环境等部门用水受到挤占问题；若未能正确认知流域上下游居民用水关系，就有可能出现下游居民用水利益受到损害的问题。在用水制度方面，如果未能明确水权，水资源水环境就可能作为公共物品被肆意开发掠夺，进而发生“公共地悲剧”；水管理制度如果强制有效实施措施，就会发生非法取水和排水问题。在管理手段方面，若未能找到节水减排的有效激励机制，就会出现整个社会用水效率低下，人类对水资源与水环境的压力就无法得到根本缓解。

2. 基于对水问题社会层面原因的认识，运用相关理论研究成果治理提高水危机治理能力。首先要科学规划水资源开发利用，合理配置生态需水、经济需水、社会需水，满足人们多层面水需求；实施流域上下游水资源统一管理，满足流域不同地区人民公平用水需要。其次，强化水权制度建设，明确不同用户的用水权；运用法律、行政的手段严格贯彻实施水权与水管理制度，保证水资源与水环境得到有节有序利用。再次，运用价格、税费、补偿、补贴、市场等经济手段，激励用水者提高水资源与水环境的利用效率和效益，并促进水资源向人类急需的高效益部门流动。目前，水资源的管理还有很多困难，区域和流域之间协调统筹问题依旧存在，农业用水、工业用水和生活用水等的冲突也难以管理和协调。集成水资源管理、幸福水资源管理等模式，都是对传统水资源管理的突破，是管理上的进步。建立和完善水资源保护政策法规体系，健全法制、依法治水，为水资源保护工作提供基本依据和保障。此外，相关水资源管理部门和环境部门要加强监管力度，预防水污染和用水冲突等水事件发生。

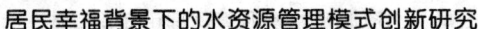

所有治理水危机所采取的措施都可归于上述三类，目的都是解决水资源方面的人力资源稀缺问题。在治理水危机中，人既是手段，更是目的，要以人的根本需求为目的，而不是以经济利益为目的。以人本与幸福为导向，提高人们的幸福感，才是水资源管理和水危机治理的方向。

人既是水管理的根本目的，也是水管理的主体。前边对已有水资源及其管理实践与研究成果进行了概述并基于人本视角进行了阐释，目的在于为本书后续居民幸福视角下水资源管理模式探究做好基本理念铺垫。本章主要结论包括如下几个方面：

1. 对水资源概念的界定应从水资源为“人类可资利用的资源”这一本质属性出发，明晰水资源的内涵与外延。从人本主义视角出发可将水资源概念界定为，在人类现有或未来可预见的认知能力和技术水平下能够被利用并满足特定人类需要的各类水体存在形式。

2. 鉴于水资源对人类基本生存需要满足的不可替代性、基础性、多适宜性、自身的有限性、整体性和脆弱性，水资源的开发利用应坚持公平性、综合性、高效性、保护性和整体性原则，以满足全体人类成员可持续的多重水需求，水资源的人类福祉功能实现最大化。

3. 水资源问题产生根源主要是人类自身能力的历史局限性，即在开发利用水资源过程中，人类自我认知与管控能力有限，人类对自身与水资源、水环境关系的认知与管控能力不足，以及人类对自身所处社会关系的认知与管控能力不强。

4. 水资源问题本质上是人的问题，水资源问题的解决关键在人，即在于管控好人的发展欲望，提高人的理性，发展人的能力。也就是提高人类管控自身人口与经济规模的能力、提高对水资源与环境的利用效率的能力、协调人类内部各层次各类用水关系的能力。

第四节　水资源现状与水资源问题剖析

无疑当前人类正面临着严重的水资源问题和水资源危机。概括起来，这些水资源问题既有量的问题，也有质的问题；既有原生的，也有次生的。中国水利水电科学研究院王浩院士将我国的水资源问题概括为五个方面：水少、水多、水浑、水脏、水不均。这些水资源问题又继而引发了其他的社会、经济、生态问题。当前人类面临的水资源问题产生的根源主要是人类自身能力的历史局限性，即在当前人类发展历史阶段人类自我认知与管控能力、人类对自身与环境关系认知与管控能力以及人类对自身所处社会关系的认知与管控能力不足。

一、水资源问题及其本质

（一）“水少”问题

“水少”问题即水资源的缺乏问题。通常是指在特定区域（通常以流域为单元）特定的时段（如一年）可供开发利用的水资源量满足不了当地居民生产生活的基本需要，继而引发了人类与生态用水、不同部门之间用水矛盾和用水纠纷，从而制约着人类福利水平的提高问题。可见，水少问题是个相对概念，其产生除自然原因如气候干旱、特定区域特定时段水量有限外，还与人类自身对资源的需求量有关，即当区域内人口与经济规模增长过快且不注意节约和保护水资源，也容易产生缺水问题。

（二）“水多”问题

“水多”问题即洪涝灾害问题。通常是指人类防洪排涝能力无法抵御过量降水而给居民生命财产带来的直接损害。可见，水多问题也是个相对概念，特定地区水多造成的危害的程度与人类的防洪排涝能力有关。在漫长的农业文明时代，人类力量微弱，防洪排涝能力差，即使很小的降水量和水流量也可能对人类造成危害。在现代物质文明时代，人类防洪排涝能力已大大增强，尽管洪涝灾害依然存在，但对人类的威胁已大大减少。在现有的洪涝灾害中，近些年来，因地下排水设施规划建设不合理而发生新建城市内涝问题日益凸显，而那些规划科学合理的古城如青岛反而很少内涝，这也反映了水多问题的相对性和人为因素重要性。

（三）“水浑”问题

“水混”问题是指河川径流中含沙量大，造成河床淤积和抬高以及威胁河岸安全问题。造成水混问题多与流域内地表植被遭到破坏、水土严重流失有关。如我国黄河流域含沙量大与其中游流经的黄土高原区疏松的土质在长期不适宜的农耕作用下地表自然植被遭到破坏，水土流失严重有关。可见，水浑问题关键是要保护和恢复地表植被，做好水土保持工作。

（四）“水脏”问题

“水脏”问题即现代水污染问题。由于近现代人类生产生活向自然水体排放了大量的污染物，改变了自然水体原有的物理化学性状，不再适宜人类生产生活。水污染问题与自然界水体对污染物容纳和净化的能力有关，一般来讲水体物理、化学、生物作用强，净化能力强，不易造成污染问题，如水体微生物、溶解氧含量大易于对排入污染物的净化。水污染问题主要由人为原因引起，是人类向水体过量排放水污染物超过水体净化能力造成的。

（五）“水不均”问题

“水不均”问题是指水资源时空分布与人类对水资源的时空需求错配而引发的不能很好地满足居民生产生活水需求问题。我国北方降水和河川丰水期主要在夏季而春季稀少，这对作物春季返青和生长极为不利，易造成春旱，而南方长江中下游地区夏季在强烈的西太平洋副热带高压长期控制下降水稀少，极易形成伏旱旱灾。就空间来讲，我国北方人口和传统农业集中的黄河中下游地区，总体水资源量偏少，造成我国北方地区缺水严重，影响当地社会经济发展。

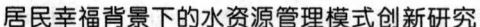

二、水资源问题的根源剖析

水资源问题与自然环境有关，与人类自身能力的历史局限性有关。人类科学认知与处理人水关系能力有限，科学处理多重用水矛盾能力不足，对自身欲望和需求认知和管控能力也存在局限。陈惠雄教授（2006）将这些人类自身能力有限与不足称之为“广义人力资源稀缺”并指出人力资源稀缺是一切社会经济问题的总根源。水危机（问题）产生的原因，不外乎人类之于自身的能力不足、人类之于自然的能力不足、人类之于社会的能力不足（杨坤，陈惠雄，2015）。

（一）人类认识、掌握及发展自我的能力不足与水资源问题

当前，世界人口已达 72 亿，人口剧增导致世界淡水用量每年都以 5% 左右的速度递增，造成人均占水量日趋减少。当前，全球有 70% 以上的陆地淡水不足，有八十多个国家和地区严重缺水，20 亿人的饮水得不到保障。其实，当前水资源不足、水污染等问题，在很大程度上是因为人口数量过多。由于人数过多，相对于人类的需水量，水资源是相对短缺的。如果人口数量控制在水资源数量约束范围内，水资源不足问题也就可得到控制和解决。水污染是由于人类大量的生活污水和生产污水被肆意排放，排放量超出水的自然净化能力，导致水体的污染。人口越多，排放量也就越多。人类控制人口增长与控制需水能力的有限，导致人口数量急剧增长，对水的需求过多，这两者的对立直接使水资源越来

越欠缺。当前，人类节水意识淡薄、用水利益冲突导致的非理性状态、社会责任感弱等是人类对自身认识不足的体现，自我控制能力差，没有很好地约束和发展自我。水资源使用效率低、水污染严重、流域与区域之间用水冲突等现象的发生，在很大程度上正是因为人类的自我认知、掌握与发展能力不足所导致。人类要努力提高这方面的能力，不断学习，达到人类的全面、自由发展，人与自然和谐相处的境界。

（二）人类认识、改善自然的能力有限与水资源问题

水旱灾害频发、工程型缺水、水土流失、生态恶化等水资源问题是人类对自然认识和改造能力不足的体现。世界各地水旱灾害频发，地震、海啸、极端气候等不确定因素，打乱了水的运转系统；人类对水资源的利用和开发低效，甚至会造成生态危害等问题。一些水资源丰富但地势崎岖的地区不利于水利工程的建设，导致工程型缺水，水资源没有得到充分开发与利用。水土流失、土地退化、湖泊干涸、土地沙漠化等生态危机大都由于人类对水资源的开发利用规律认识不清，随意使用水资源，没有有效开发与使用。套用经济学的话表述即没有使水资源配置最优化和利用效率最大化。相对人类而言，大自然是神秘的。人类的发展史就是人类认识和揭示大自然发展规律的历史。随着知识水平的提高和科技的进步，人类对水资源的认识水平和开发利用水平不断得到提升，但是达到人与水资源的和谐、可持续发展的状态还有很多工作要做，人类的能力还需进一步提高。

（三）人类认识、完善及发展社会的能力不足与水资源问题

水资源开发技术能力不足、基础设施薄弱、法律制度保障不健全、水资源管理不当等问题，是人类对社会认知能力和社会能力不足的表现。人类的社会需要无限，而社会能力有限，这是人力资源稀缺性理论在社会层面的体现，这一对矛盾也是水资源问题产生的重要原因之一。

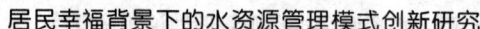

许多水危机事件的发生，在很大程度上是管理、技术、制度、法律等社会层面的能力不足所引起的。2014 年 4 月 10 日兰州发生的自来水苯含量超标事件社会影响很大，给民众造成极大恐慌。究其原因，系兰州石化管道泄漏所致。监管不力，设施老化，规划不合理、职责不到位等社会层面的原因导致此次事件发生。水资源的社会需要多样化、层次化，促使人类必须改进水资源开发利用技术，有效合理地管理水资源。海水淡化和污水净化等技术有利于增加淡水资源的供给量，意义重大。人类经济社会迅速发展，城镇化、工业化水平不断提高，但是人类的发展规划做得很不够。基础设施建设不配套，技术设备更新换代慢，水资源开发利用技术落后等是当前水资源开发的技术瓶颈；法律、规章制度不健全是制度瓶颈，监督、管理水平低下是管理瓶颈。突破这些“瓶颈”，一定要提升人类自身的社会能力。应合理规划人类的社会需水量，完善制度，提升技术，加强监督、管理等，从社会层面治理当前水资源问题。

总之，由于自然环境与自然水体系统对人类的固有约束以及特定历史阶段人类能力的局限性，导致水资源问题的发生。随着人类对自身发展欲望管控能力的增强，对人与水资源、人与自然关系认知和处理能力的提高，水资源问题发生概率将会逐渐降低。可见，水资源问题本质上是人的问题，水资源问题的解决关键在人，在于管控好人的发展欲望、提高人的理性，发展人的能力。有意识、高智商、能动性强的人是当代人水矛盾的主要方面，也是处理好人水关系、形成和谐的人水关系的唯一责任者和承担者。

三、基于水资源现状采取的可持续利用方案介绍

发展是人类社会永恒存在的主题。现如今水资源是推动人类发展必

不可少的物质基础，但是水资源和水资源环境目前正饱受压力和挑战。水源缺乏、水污染、旱灾等问题，让人类的持续发展动力和潜力受到很大的影响。世界水资源研究所在相关研究成果中指出，目前全世界有26个国家，大约2.32亿人正面临缺水问题，有4亿人用水速度超出资源更新速度，大约有15亿人无法获得符合卫生标准的淡水。世界银行公布的相关资料显示，有超过80个国家在供给清洁水源方面存在很大的困难，世界范围内、水污染问题每年大约导致大约2500万人死亡，而且有超过50%的传播性疾病是通过水传播这个方式大面积蔓延的。我国是全球范围内13个贫水国家之一，因此承担着非常重的发展压力。我国还是洪涝灾害频发的国家，大的洪涝灾害产生了极大的破坏性。目前，水资源问题已经成了限制社会经济发展的重大问题，对人和水、经济和水、社会和水等方面的关系进行协调处理是解决问题的关键。认识到问题的根源是至关重要的，而在解决问题过程中需要树立辩证、积极的良好态度，积极克服发展过程中存在的诸多困难，促进人与社会和谐相处。

（一）水资源危机的发生具有必然性

人们一直都觉得水资源是无穷无尽的，甚至不少人认为水资源可以随意开采，随意使用。这些错误的思想所产生的危害是非常大的。就以我国为例，在近三十年间历经了供给大于需求、供需持平到供给小于需求的水资源危机形成和发展过程。就目前而言，水资源危机不但没有得到缓解，还有所加重。水资源危机和水资源时空分布不均有着密切的关系，也和水资源开发利用与管理思想、措施、政策等存在着因果关系。造成我国水资源危机的原因和类型可归纳为：

1. 人口、工业、商贸经济、旅游娱乐等发展需水超过了水资源及其环境的承受能力，造成资源匮乏型缺水。

2. 随着社会经济建设迅速发展，各项建设活动和人流、物流等的加速运转，缺乏对用水活动的有效管理，各种废污水随着用水增加而剧增，并随着用水种类的多样化而日趋复杂，水环境污染严重，破坏了水资源产生和存在的空间，造成水污染型缺水。

3. 在一些平原地区，由于地表水不足，地下水埋深浅，水质欠佳，优质淡水埋藏较深，补给更新慢，储量有限，造成缺乏合格供水水质型缺水。

4. 在一些中小城市，开源供水工程或给水管网配套设施建设不足造成因供水工程不足型缺水。

5. 在开发利用水的历史中，水的管理常被理解为管理河湖水和已建供水工程，需水被认为是不可改变的，管理主要是寻找水源和建设新的供水工程，扩大供水成为追求的目标。缺水时不首先从开发利用水的行为中寻找原因和解决问题的办法，也不太注重水资源的存在价值和使用价值，缺乏有力的按市场经济规律运作水资源的战略措施，造成盲目开采、用水浪费、环境污染，从而引发重开源、轻节流、重污染、弱管理型缺水。

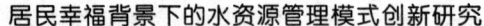

总而言之，现如今日益严峻的缺水问题的核心是在社会建设与发展进程中，忽略了水资源条件的限制性作用，不重视对水资源进行科学有效的管理，忽略了水资源、社会经济以及生态环境的协调。种种自然与人为方面的因素导致社会发展到一定水平后出现水资源危机。这些问题的产生最后都可归结为人类特定发展阶段自身能力的历史局限性。

（二）水环境与人类发展具有辩证统一性

水资源具备有限性、可再生性、社会功能广泛、时空分布不均匀等方面的明显特征，并具有容易破坏和相对脆弱的特点。水资源不仅和人类对水的需求存在激烈的矛盾和冲突，还受自然与人为因素的影响，不存在拥有良性循环的自然环境，也就不可能拥有能够满足可持续性开发利用的水资源，更不会有持续发展变化的人类社会。因此，水资源与自然、社会等方面存在着密不可分的关系，最终形成了有机辩证的统一体。

在解决人和水之间的关系问题时，人们往往会把重点放在开源上，也就是关注应该怎样满足人类的用水要求，忽视水资源和自然环境的客观容纳力以及运转规律，也忽视了对水资源环境成本的关注和对综合效益的有效处理。在出现缺水问题后，人们常常不会从供水和用水方面找寻原因，找解决问题的方法，而是采取盲目的行动，过高估计技术与经济能力，忽略了事物生存发展的客观规律。

我们在审视水的问题时，需要围绕自然与水、人与水、生产与水、经济与水、社会可持续发展与水进行分析，由单一关系向多元化关系转变，由依赖转向制约，就必须探讨其间的辩证关系，从思想观念到理论技术，到人类社会的行为模式，探索出一条人与自然、人与社会、人自身行为间相依相伴、相生相长的资源环境可持续开发利用、经济建设和社会可持续发展的道路。

（三）转变水资源观念是解决水资源危机的关键

发展是人类社会的永恒主题。有一点需要明确，在人类发展进程中，必须转变过度关注人类经济财富产出最大化带来的“资源高消耗、环境高污染、人类高消费”的理念与发展模式。就目前而言，要想让水资源危机得到妥善解决，尤其需要树立满足于人类多重需求及其持续发展的人本与人地和谐的理念，把人类社会发展纳入“资源—社会—经济—环境”这个开放复合的系统中，考虑到资源环境的承载能力以及潜能，树立科学的思想观念，发挥技术和经济的积极作用，为人类生存发展创造必要条件提供前进的动力。

在处理人和自然关系的过程中，做好有效的立法工作，也就是在把握自然规律的前提下，为了更好地改造自然而建立的一种体系与评价原则。立法工作需要严格遵守天道、人道、人与自然和谐相处这几个原则。天道原则指的是立法必须有助于维护自然演化秩序，不能够导致恶性循环的问题，应该有助于自然系统的平稳发展与进化，而不是导致退化。人道原则指的是立法需要立足于整体与长远利益，遵照人类社会持续发展的要求和规律，全面满足人的基本需要，符合人道主义精神的要求。人与自然和谐相处原则指的是在立法过程中，除了要兼顾自然与社会的规律，还要遵照二者的共同规律与彼此的作用机制。人的一切行为都要维护和促进自然与人类关系的和谐。

水是人类生存发展必不可少的自然资源，具有不可替代性，就水资源和社会经济发展之间存在的关联而言，既要促进水资源的连续和持久开发利用，又要保证开发利用工作的实施能够满足经济发展与社会进步的要求，促进二者的协调与统一。假如不存在一个良好的自然环境，那么谈经济和社会发展也是空谈。在发展经济和建设社会的过程中，若以牺牲环境换取财富，将会对水资源带来极大的破坏。因此，人类必须十分注意水资源环境与人、经济、社会之间存在的相互影响和制约作用。

第二章　水资源管理发展沿革及初步研究

水资源管理是人类应对当前普遍面临的水资源危机、维持并提高自身福利水平的重要手段。世界自然保护联盟水资源项目主任吉尔·博格坎普曾指出:“当前世界面临的最大的水危机实质上是水管理和利用危机。”因此，应不断完善和强化水资源管理，更加高效、可持续地利用水资源是解决当前水危机的根本所在（刘坤喆，2006）。本章以解决关键的水资源问题与目标取向为线索，对国内外水资源开发利用及管理研究进行述评，包括对传统经济价值导向的水资源管理研究、当前可持续发展理念下集成水资源管理研究，以及一些学者对融合幸福价值理念的水资源管理的初步探索，其目的在于厘清人类水资源开发利用与管理价值取向的趋势及本研究主题的历史必然性。

第一节　国内外水资源管理实践探析

一、水资源管理实践的发展过程分析

自人类产生以来，水资源问题就一直存在，它伴随着整个人类发展历程，且在不同的历史阶段有不同的表现，水资源问题的不断发展演化，造成了不同时代水资源管理内涵与外延、目标与手段的不同。

在漫长的古代，人类力量微弱，抵御自然灾害的能力低下，干旱、洪涝一直是威胁人类生存延续的最大的水资源问题。此时，水资源管理及论述以修筑和管理防洪抗旱水利工程（干旱洪涝灾害治理）为主要内容，其根本目的在于消除水旱灾害对人类生命财产的威胁。以我国有史记料载的大禹治水、李冰父子修筑都江堰，到承担南粮北运的京杭大运河等，无不围绕着消除水自然灾害对人类的生命财产安全的威胁展开（顾浩，2006）。

到了近现代，随着人口规模的扩大和经济的迅速发展，人类面临的水问题已经从单纯的干旱洪涝灾害扩展到可用水资源的相对短缺，以至不能满足经济快速发展需要的问题。此时，增加水资源供给，提高水资源利用效率，以维持众多人口生存和促进经济增长成为人类面临的重大问题。

近几十年来，水资源的过度开发，导致了新的问题——生态环境恶化，严重威胁着人类的生存与可持续发展，于是，进行可持续水资源管理研究，以维持人类可持续发展与持久福利被人们提上议程。而干旱洪涝灾害、水资源短缺、生态环境恶化、各类用水矛盾激化等多种水资源

问题并存的局面，使人们不得不运用系统思维、采用综合集成的管理手段，受此影响，集成水资源管理及其研究渐成趋势。

二、国内外水资源管理研究进展

水资源管理是解决水资源问题的重要手段。水资源管理研究是以特定时空水资源管理实践为研究对象，以有效、科学解决特定历史时期的人类面临的水资源开发利用问题为主要任务的研究活动。当前，人类面临的水资源问题日益复杂多样，不同的水资源问题的存在决定了国内外学者不同的研究视角。主要集中于以下五个方面：

（一）利用工程技术手段，提升可用水资源供给能力

采用相应工程技术措施增加可用水量，加强水质管理并提高用水效率，提升水资源供给能力，是解决流域水资源短缺、洪涝灾害及水污染问题的关键（McMinn et al.，2010），具体表现在：通过涵养水源工程及生态恢复工程（如退耕还林工程）可改善地表产流因子（如土壤和植被物理参数），从而增加流域出山径流量（陈亚宁等，2007；Hu et al.，2007）；渠道衬砌工程可减少水渗透率；建设供水渠道网络工程可减少水输送过程中的损失（Alsharif et al.，2008）；而滴灌和喷灌等节水技术可提高用水效率，是缓解流域水资源压力的重要途径之一（Atapattu and Kodituwakku，2009）；低效甚至无效的水污染管理是导致流域水质恶化的直接原因，加强水质管理是解决流域水污染问题的直接途径（Shi and Bi，2007）。

（二）利用水资源商品属性，通过市场经济手段，提高水效益

水是基础性的生产要素之一，水具有排他性，因而具有商品属性（贾绍凤，2003）。在商业文明日益强化的现代社会中，水资源管理需要更多地考虑水资源的社会属性，并利用市场手段提高水效益，进而解决

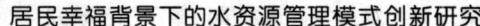

水资源低效益，浪费等问题（Kao et al.，2009）。这方面研究较多，主要包括水资源价格及其影响因素分析、水资源价格调节管理、考虑不同利益团体行为方式的水资源博弈分配管理、水权界定的研究等（Ruijs et al.，2008；叶舟，2009）。

（三）引入社会资源，运用社会手段，实现水资源可持续利用

通过用水户公共参与、水权交易、虚拟水贸易、水资源配置体制改革、建设节水型社会、实行水资源总量控制与定额管理等国家重大水资源管理政策手段，实现水资源可持续利用。社会资源的调动可弥补或缓解自然资源的稀缺（Brown et al.，2010）。以“水—粮食—贸易”之间的连接关系为主线的虚拟水战略可能是解决流域水资源分布不均与内陆河流资源的重要社会手段（徐中民，龙爱华，2004；Novo et al.，2009）。

（四）通过水资源集成管理，实现水资源经济社会福利最大化

集成水资源管理（integrated water resources management, IWRM）是指在不损害关键生态系统的前提下，协调开发和管理水土资源，以最大化人类的经济福利和社会福利（GWP, 2004）。当前，水资源问题广泛延伸到社会、经济、生态等多个领域。公共参与是向集成水资源管理范式转变的关键元素（Antunesa et al.，2009；Videira et al.，2009）；健全的水制度、完善的管理体制为集成水资源管理提供基础保障（Huang et al.，2009）；提高水效益及相关资源的效益是集成水资源管理的一个核心组成部分（程国栋等，2008）。

（五）面向幸福人本化水资源管理的初步研究

近些年来，基于对传统发展模式弊端的批判与幸福作为人类终极目标价值意义的认识，我国学者开始了对水资源管理幸福本质的研究。陈惠雄论证了经济利益中心价值观是导致现代人口、资源与环境矛盾激化

的根源，而基于幸福原则的“人文—生态—水文”协同发展是解决这个矛盾的科学途径（陈惠雄，2006），并提出了我国区域发展梯度约束条件下的差异 / 协同发展战略，解析了建立幸福的水资源管理模式的总体思路（陈惠雄，2009）。徐中民提出了幸福水资源管理的概念，认为幸福水资源管理是幸福与水资源管理目标的融合（徐中民等，2008），并拓展运用 Amartya Sen（1998）的新福利经济学相关原理，把幸福目标分解为经济机会、社会机会、制度规范、环境保护等 7 类要素（程国栋等，2005）。具体来讲，幸福水资源管理是用水资源管理要素表征幸福，如经济机会采用水市场的培育发展状况来表征，环境保护用生态环境用水量来表征等（徐中民，程国栋，2008）。

在上述有关水资源管理的研究中，基于系统思维和整体性思维的集成水资源管理（IWRM）代表了当前世界水资源管理的主流，基于人本理念的幸福导向的水资源管理则代表了未来水资源管理实践与研究的新方向，两者均有对人类福祉的关怀。因此，本章第二、三节将重点对这两类水资源管理模式与研究进行阐述。

第二节　可持续水资源管理及研究

一、水资源可持续利用的集成水资源管理理念提出背景

水资源既是基础性自然资源，又是战略性经济资源，对维系人类生存和发展至关重要。然而，自然界中的水资源是有限的、脆弱的（林洪孝，2003）。进入20世纪以来，特别是近几十年，随着人类人口与经济规模的急剧膨胀及人们生活水平的不断提高，不断增加的水资源需求对世界淡水资源造成了巨大的压力，以水资源短缺、水污染及用水冲突为核心的水资源问题日益复杂和严重。越来越多的国家在经济和社会发展过程中所面临的挑战与水有关（GWP，2000）。

然而，直到20世纪80年代中期，由于对水资源及循环规律认识的不足，人们对水资源的开发管理一直是以水文为中心，以工程项目为手段，以单一的“水”部门为管理主体的，自上而下多层次命令控制的模式，其主要目的是从水资源开发中获得最大的经济产出。这种水资源管理模式忽视了自然环境的整体性和水资源使用者的多样性，不能协调各种用水关系和实现水资源的可持续利用。通过转变或优化水资源管理模式实现水资源的可持续利用，成为摆在世界各国面前的共同课题。

20世纪七八十年代，随着人们环境意识的增强与可持续发展思想的提出，加之日益突出的水资源问题，转变传统水资源管理方式成为必然。1992年，在都柏林召开的水与环境国际会议首次正式提出旨在推动水资源可持续利用的集成水资源管理（Integrated Water Resources Management，IWRM）理念及其实施原则——都柏林原则。其基本思想

是承认水资源与生态系统的相互影响及水资源的多重用途和功能，从而对水资源进行全面系统的管理；要求水资源管理中的各利益相关团体广泛参与；强调水资源的需求管理，特别是将水资源作为经济物品进行管理，提高水资源的利用效率。

IWRM 旨在改革以往局部、分散和脱节的供给驱动管理模式，统筹考虑流域经济社会发展与生态保护要求，并纳入国家社会经济框架内综合决策，采取需求驱动管理模式，实现水资源可持续利用、社会经济可持续发展的目标。然而，作为一种新的水资源管理理念，由于 IWRM 涉及面广、技术要求高、资源投入大，其在各个国家特别是发展中国家进展依然缓慢（Funke & Oelofse，2007；Savenijie &Van der Zagg；2008）。

二、可持续 IWRM 理论基础

有关集成水资源管理理论的基础研究并不多见，诸多学者在进行 IWRM 的论述时，多是将人类面临的水资源危机作为切入点，很少对 IWRM 的理论进行系统阐述。我国学者夏军等（2009）从系统论的角度对可持续 IWRM 理论依据进行了详细阐述，认为社会经济、水资源、生态环境三大系统相互影响、相互制约，形成了一个有机整体，如图 2-1 所示。

其中，生态环境与水资源系统是社会经济系统赖以存在和发展的物质基础，为社会经济系统提供着持续不断的自然资源与环境资源。社会经济系统在其存在与发展的过程中，不仅通过资源消耗与废物排放对生态环境与水资源产生污染，降低其承载力，还通过环境保护治理及水利建设投资，对生态经济及水资源进行恢复和补偿，提高其承载力。

水资源系统是自然和人工的复合系统，在这一系统中，水资源是联系社会经济系统与生态环境系统的重要纽带。一方面，人类通过挤占生

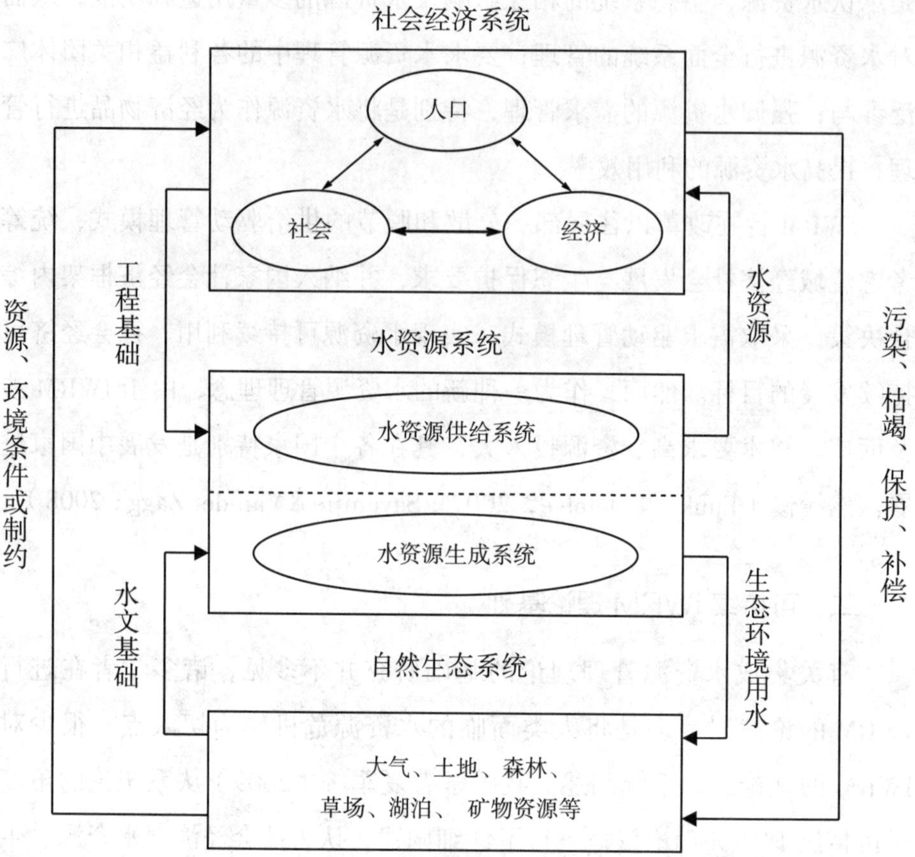

图 2-1 社会经济—水资源—生态环境复合系统

态用水及对水资源的污染造成生态环境的恶化；另一方面，生态环境的变化通过改变自然界水循环过程，影响可供给的水资源的质与量，进而影响社会经济的发展。

此外，在社会经济系统内部，以水资源为核心的不同社会经济部门间、不同利益团体间也存在内部矛盾和冲突。在“社会经济—水资源—生态环境”系统中，任何一个系统出现问题都会危及另外两个系统发展，并通过反馈作用加以放大和扩展，最终导致复合大系统的衰退。因此，必须对这一复合系统的各个要素进行集成或综合管理。

传统的水资源管理只关注水资源供给系统与社会经济系统间的相互关系，强调以工程措施为手段，以水资源开发为核心，最大限度地满足人类对水资源的需求，忽视了生态环境对水资源需求及水资源系统自身的循环规律；其结果必然是，由于忽略了需求管理。导致水资源利用的浪费和低效率。随着人类社会经济规模的膨胀、需水的增加，水资源更加稀缺，从而导致人类挤占生态用水、用水冲突加剧，水资源系统长期处于恶性循环之中，如图 2-2 所示。

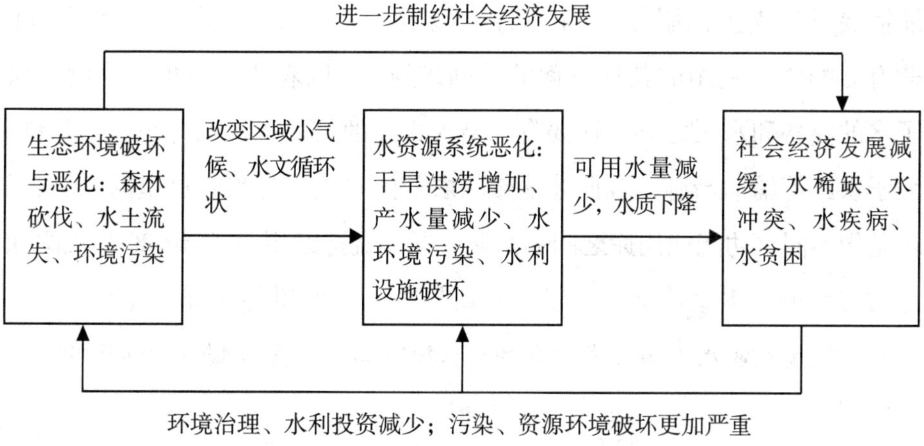

图 2-2 水资源系统恶性循环示意图

IWRM 的实质就是将社会经济、水资源、生态环境作为一个复杂的复合系统进行综合、全面、系统的管理，通过在水资源规划、开发、利用、管理及监控过程中，综合运用制度、组织、经济、社会文化等手段处理和协调这一复合系统及子系统内部以水资源为纽带的相互关系，最终促进水资源的高效、公平、可持续利用，实现人类社会经济的可持续发展。

三、IWRM 思想演进

水资源管理中“集成”的思想有其发展演进过程，大体分为经济利益导向的水资源集成开发利用阶段与可持续发展导向的水资源综合管理两个阶段。在这一过程中，一些国际组织和会议起到了重要的推动作用（Snellen & Schrevel，2005）。

早期水资源管理中“集成”思想的产生可追溯到20世纪50年代。1957年，在一份向联合国秘书处提交的关于集成流域开发的报告中，作者明确提出了“集成”的观点，认为单独水利基础设施本身并不完善，还需要其他支撑性服务，“工程性措施不一定带来生计水平的提高，除非有影响资源利用的其他方面的辅助措施”。以农业灌溉项目为例，除了水的储备和水渠之外，还要有人与人之间的信任、市场化运作、肥料、种子供给等辅助措施，唯此才能带来农业的丰收。显然，这里的“集成”不是指不同水功能或用途之间的协调。同一直持续到20世纪80年代国际上被资助的众多集成灌溉开发项目所体现出来的思想一样，此时的“集成”仅仅是农业水资源开发中水利工程设施与其支撑性服务措施间的综合与协调。

1977年，阿根廷马德普拉塔国际水会议明确提出：“各国的制度安排应确保水资源的开发与管理产生于全国性规划背景中，并且负责水资源调查、开发、管理的机构之间应存在真正的协调。”大会还总结了水资源开发利用中其他方面的思想和认识：将水资源获得作为人的一项基本权利；提出水资源污染问题正日益严重；有必要建立不同层面、不同利益团体的水资源利益协调机制。这些思想在今天的IWRM理念中仍然有效。但是，大会提出通过扩大灌溉农业面积来解决未来的饥荒问题，说明此时的水资源管理“集成”的思想缺乏对自然生态环境的考虑，仍具有明显的经济利益导向。

20世纪七八十年代人类发展面临着严重的环境和社会危机。在此背景下，1987年世界环境与发展大会提出可持续发展的概念，并要求各国将实现可持续发展作为本国政府的一项责任。可持续发展思想的提出促成了现代IWRM理念的形成。1989年，联合国大会号召召开一次关于各国都面临的“双重问题：环境破坏与可持续发展必要性”的会议，即1992年在里约的联合国环境与发展大会。作为这次大会的准备，1992年1月都柏林水与环境国际会议召开。会议提倡一种集成的水管理方式：“‘集成’一词的内涵应该超出水管理机构间的协调、对地下水与地表水相互作用的认识或考虑了所有可能策略与影响的规划方法的传统观念”（ICWE，1992），其特点是：要求将自然环境的承载力作为管理的逻辑起点；提倡需求端管理而非仅仅供给端管理；将水管理作为整个社会经济发展不可分割的部分。与此同时，IWRM实施的一系列原则——都柏林四原则也被正式提出，要求通过保护水环境管理中的广泛参与以及提高水利用效率与效益，实现水资源的可持续开发与利用。

此后，不同的国际组织和学者根据自己的理解和专业领域，对IWRM理念进行探讨和界定，使IWRM的理念不断丰富和发展（王晓东等，2007）。2000年全球水伙伴提出了一个将土地资源及其他相关资源开发与管理也纳入水资源管理框架内的集成水资源管理定义：IWRM是指以公平的、不损害重要生态系统可持续性的方式，促进水、土等相关资源的协调开发与管理，使人类社会和经济福利最大化的过程（GWP，2000）。尽管对这一定义还存在一些疑义，但已经得到普遍的认同并被广泛引用（Funke & Oelofse，2007）。

综上所述，水资源管理中“集成”思想的发展大体可划分为两个阶段：经济利益导向的集成水管理、可持续利用的集成水管理（见图

2-3）。以 20 世纪 90 年代初为界，此前为经济利益导向的水资源集成管理阶段，水资源的集成管理服务于经济产出的最大化；此后为可持续的集成水资源管理，旨在实现水资源的可持续利用，属于人类可持续发展战略的范畴。

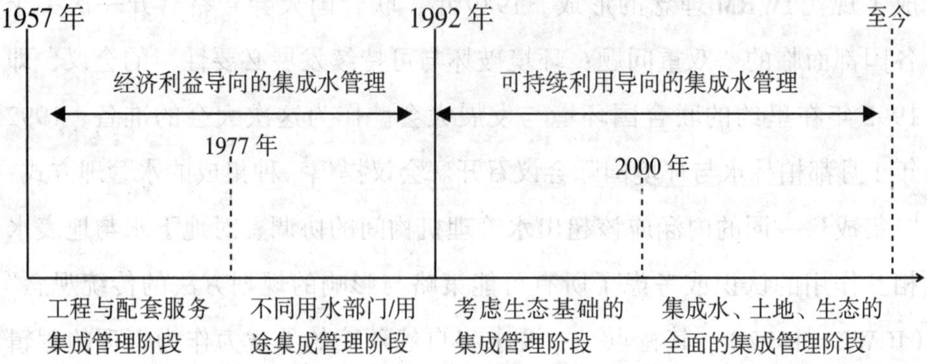

图 2-3　集成水资源管理理念的发展过程示意图

四、IWRM 概念与原则

就目前而言，针对 IWRM 内涵的认识主要有以下几类：第一，侧重 IWRM 的实施原则和标准层面；第二，侧重 IWRM 的操作层面；第三，侧重 IWRM 集成的维度。关于侧重 IWRM 的标准原则，全球水伙伴给出的界定最有代表性，认为其基本内涵是“协调”，也就是说在水资源开发管理过程中，要保证自然与社会系统的统一协调，提升水资源利用的高效性和可持续性。虽然 GWP 对 IWRM 的定义因口语化界定宽泛和不具备操作性而受到抨击（Biswas，2004 ；Van der Zaag，2005 ；Gyawaliette et al. 2006），却为各国 IWRM 的实施指明了方向，提供了原则，也为差异化实施方法提供了指导性框架（Mitchell et al.2004）。

其他国际组织主要立足于以操作层面界定 IWRM，如联合国粮农组织（2000）认为水资源管理应包括社会经济和自然的全盘考虑，决策的平衡一致性，信息交流，多层次能力建设，水资源利用效率的提高改善，政府的管理机制以及地表水、地下水和沿海水资源的连接（FAO，1993）。世界银行对IWRM的定义是，以水资源各种用途的相互依赖性为基础，在社会、经济和环境目标背景下，按照可持续发展目标对水资源配置、利用进行系统管理，是一种系统考虑和分析水资源的方法（Snellen & Schrevel，2005）。

一些学者关注IWRM集成的维度，如Saveijie等（2008），在深入分析对当前水资源问题复杂性的基础上，认为IWRM就是要寻求对水资源进行综合全面的管理，从水资源、用水者、空间、时间四个维度来考虑水资源。水资源维度，即自然维度，要求考虑整个水循环系统，包括水质与水量、流量与存量、河流、湖泊、地下水、湿地，甚至回水；用水者，即人文维度，包括所有经济利益和利益相关者；空间维度，包括水资源与水使用的空间分布以及水管理的各种空间尺度（如国家、流域等）与各空间尺度的制度安排；时间维度，即可获得的水资源量及其需求的时间变化、自然结构的变化。

虽然人们对IWRM的定义并没有一致的看法，不过都展现出IWRM系统、全面的基本特征。归纳IWRM的各种定义，主要具有以下五大特点：第一，整体性。先把流域区域当中的社会、经济、自然要素看作一个统一的整体，然后把流域作为一个管理单元，关注流域水循环的完整性，使多种多样的水资源实现协调分配和有效组织。第二，公平性。水资源在人类生存发展和生产生活当中发挥着基础作用，是必不可少的物质条件，所以在实施水管理过程中，需要充分满足人们的用水要求，确保平等用水权的实现。第三，高效性。因为水资源是有限的，所以对水资源进行开发是非常有难度的，需要对当前已有的水资源进行高效率地应用，把水资源当作商品，促使水资源从低效流向高效，发挥监管的积极作用，使水资源在社会循环的不同环节都体现出高效率。第四，可持续性。水资源的开发利用工作不能以牺牲后代人的利益为代价，也不能降低生态系统的支撑能力。第五，协同性，即通过广泛参与达成共同目标，不同利益相关者协调共进。

为更好地促进 IWRM 在各个国家的推广应用，1992 年都柏林水与环境国际会议提出了 IWRM 实施要坚持以下几项准则：第一，淡水是非常有限同时又非常脆弱的资源，是维持生命、获得发展以及保障环境的重要基础，所以要实现对水资源的全方位和系统性管理。第二，水的开发和管理需要以共同参与为基础，这里所说的共同参与涵盖水户、规划者以及相关政策制定者。实现广泛参与，能够有效提升决策者和社会公众的资源保护意识，也可以聆听他们的意见与建议，保障决策的有效制定。第三，妇女在水供应、管理和保护方面发挥着核心价值。所以，探究差异化的机制来增加妇女参与决策的渠道，扩大妇女参与水资源管理的范围是非常有必要的。第四，水在各种各样的竞争性用途中存在着极大的经济价值，因而应该被当作商品。结合经济学中的原理，在确定水资源产权的前提条件下，积极运用有效的经济手段，促进水资源的利用和节约（ICWE，1992）。

世界粮农组织又对都柏林原则进行重新解释，将原则概括为：第一，生态原则。不同用水部门对水实施独立化管理是不恰当的，流域应该成为分析单元，将土地和水进行共同管理，并提高对环境的关注度。第二，制度性原则。需要让全部利益相关者参与其中，涵盖国家、私人部门和平民，要包括妇女；资源管理必须体现出对基层的尊重，在最低合适层次采取有效行动。第三，手段原则。水是稀缺性资源，在推动分配和提升质量的过程中，需要积极运用激励性原则和经济性原则，保证应用的有效性（Snellen & Schrevel，2005）。也有部分学者提出 IWRM

的公平、效率、生态整体性原则，指出水资源管理应保证每个人的基本用水权、生态系统的可持续性及水资源开发利用的高效率（Postal et al., 1992）。

五、IWRM 实施与改革框架

2000 年，GWP 从 IWRM 实施环境、实施主体、实施手段角度，提出了 IWRM 的一般实施框架（GWP，2000），如图 2–4 所示。其中，实施环境包括国家政策、法律的总体框架，为 IWRM 实施制定规则；机制作用，即建立各级管理和协调机构并明确各自的职责和权力，为 IWRM 确定实施主体；管理手段为 IWRM 提供具体实施工具。需要特别注意的是，以上方法需要严格依照管理区域认可的政策、可利用的资源、环境影响和社会经济结果选择应用。

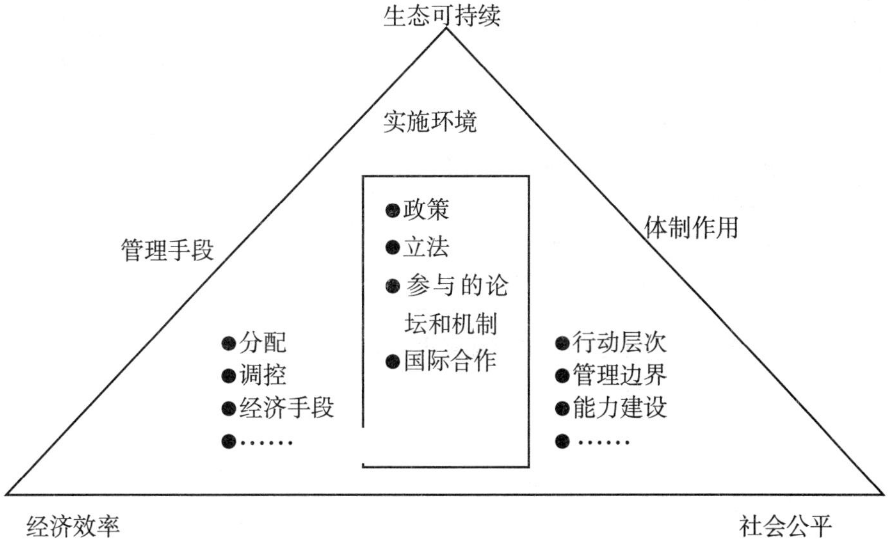

图 2–4　集成水资源管理的实施框架

由于特定区域的社会、经济、环境状况是不断发展变化的，IWRM 需要响应这种变化以适应新的社会、经济、环境条件和人类需求。因而，IWRM是一个不断学习、适应的过程。2005年，全球水伙伴提出了一个IWRM动态发展或改革框架（GWP，2005），见图2-5。其基本内涵是要求在明确对区域水资源问题、发展目标的认识及分析与IWRM标准的差距的基础上，制订区域IWRM管理战略和计划，然后在争取广泛支持（确定行动承诺）后制订行动框架，最后通过监测和评价，进一步明确问题、确定目标。其基本特征是以监测评价为前提，以问题和目标为导向，以改革为动力，以广泛参与和争取广泛支持为基础的循环往复、动态发展的过程。

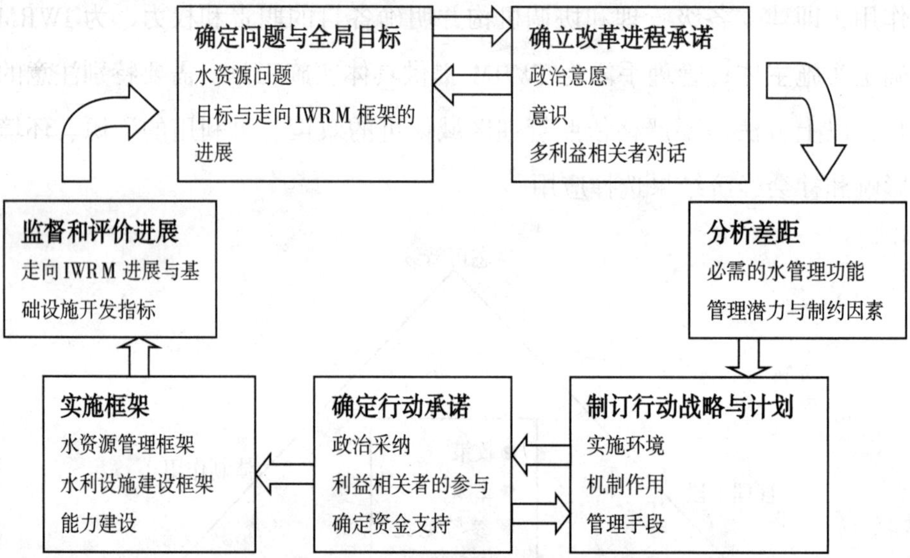

图2-5　不断适应环境和需求变化的动态IWRM框架

第三节　居民幸福背景下的水资源管理及研究

一、居民幸福背景下水资源管理背景分析

当前，物质财富的日益丰富与物质消费需要的满足，使人类关注的焦点开始转向高层次需要的满足与主观精神生活质量（幸福感水平）的提高上来。显然，水资源管理涉及自然、社会、经济、制度等多种人类福利要素，构成了满足人类多样化需要的重要条件。然而，已有的水资源管理和研究多直接服务于经济发展目标，即人们物质生活水平的提高，很少直接关注国民多样化需要的满足及由此产生的主观幸福感。在确保人类可持续发展的前提下，以国民幸福为目标导向，国民幸福感为检验指标，改进现有水资源管理模式，以促进有限水资源约束下国民幸福水平的最大化，正在也必将成为今后水资源管理价值取向的重要趋势。

二、居民幸福背景下水资源管理研究述评

尽管国内外有关幸福与水资源管理的研究文献均比较丰富，但将幸福理论与研究成果引入水资源管理研究领域则刚刚起步，且大都从水资源利用出发强调水资源管理手段或将水资源直接效益视为最终目标，很少有人从国民幸福的角度审视并直接指导水资源管理研究。近年来，我国少数学者开始关注并逐步尝试对社会发展与水资源管理本质的研究。程国栋首次提出了“国民幸福指数”的概念，认为经济社会发展的最终目标是人民幸福（程国栋等，2005），并拓展运用福利经济学家 Amartya

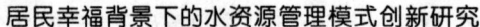

Sen（1998）新福利经济学相关原理，把幸福的目标分解为经济机会、社会机会、制度规范、环境保护等 7 类要素。陈惠雄（2009）则进一步论证了经济利益中心价值观是导致现代人口、资源与环境矛盾激化的根源，而基于幸福原则的“人文—生态—水文”协同发展是解决这个矛盾的科学途径。

2008 年，徐中民提出幸福水资源管理的概念，认为幸福水资源管理是幸福与水资源管理目标的融合（徐中民等，2008），是用水资源管理要素表征幸福，如经济机会用水市场的培育发展状况来表征，环境保护用生态环境用水量来表征等（徐中民，程国栋，2008）。陈惠雄（2009）探讨了建立幸福的水资源管理模式的总体思路，认为水对于人类幸福的基础意义与幸福对于人类行为的终极价值意义是确立幸福导向的水资源管理的理论与技术路径的基础，而幸福影响因子的系统性决定了幸福导向的水资源管理是一种集成综合管理模式。2011 年，程国栋首先以幸福为发展目标，辨析了面向幸福的发展过程中存在的陷阱。然后，简要阐述了张掖市水资源管理的实践，从避免陷入发展陷阱角度，从总量控制、水资源利用公平体系建设和提高水资源利用效率三个方面，构建起了张掖市面向幸福的水资源管理战略框架。最后，结合研究区的实际情况，有针对性地提出了解决问题的对策措施和规划方案。

近些年，为衡量水资源及其管理对流域居民幸福感的影响程度，陈惠雄等（2016）提出了水幸福指数的概念，基于幸福因子理论提取与居民幸福相关的水环境及其管理因子，构建了较为系统的流域水幸福感指数核算指标体系与核算方法，并进行了实证研究。研究指出，水幸福指数是对水幸福感（居民因受水资源与水管理环境影响而产生的幸福感受程度）的衡量；所构建的水幸福指数指标体系，通常包括水与健康、水与亲情、水成本与收益、节水技术与制度设计、用水公平与供给保障、水生态环境六个方面的指标。水幸福指数的研究进一步揭示了水资源及其管理与居民幸福的内在关系，为科学幸福导向的水资源管理模式的构建奠定了基础。

上述有关幸福导向的水资源管理研究，明确给出了水资源管理的终极目标，从目标层次上提出了水资源管理的新范式。这既是科学发展观的内生要求，又反映了国际社会前沿性的社会发展价值新视野。但总体看，目前幸福水资源管理研究缺乏把水资源管理各项直接目标与幸福这一人类社会终极目标相融合的系统理论框架和实证研究，幸福导向的水资源管理调控机制与政策框架尚未建立。

当前，水资源管理在理论研究和实践上已经取得了较大进展，但对解决人类所面临的诸多水资源问题仍显不足。

第一，环境可持续、社会公平、经济高效是现代水资源管理的基本目标，而现有的水资源管理研究，在利用工程技术措施增加水资源供给量和提高用水效率过程中，过分强调水资源数量和效率，忽略了环境需水问题；在通过市场经济手段提高水效益过程中，过分强调水资源经济效益，忽略了水资源的分配社会公平性；在运用公共参与、健全水管制度等社会手段实现水资源的可持续利用过程中，强调了水资源公平分配，忽略了水资源配置的效率（经济效益问题）。当前，国际社会盛行的集成水资源管理模式，虽然力求经济、环境、社会目标的兼顾，但通常过分强调集成管理的手段，而忽视了管理多目标的协调实现。

第二，产生上述水资源管理问题的根源之一是现有水资源管理存在多目标性，且各目标对人类生存发展的意义相对独立甚至存在冲突，水资源管理中往往难以兼顾。显然，解决上述水资源管理存在的问题要有新思路。从理论上看，从目标集成与统一的角度进行求解是一条重要途径。水资源管理领域幸福理念的引入，为当前水资源管理的多目标协调

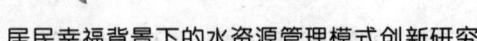

与政策抉择找到了更高层面的统一的目标变量；以最大化“最大多数人的可持续性幸福”为最高目标原则重新评估、改进或再设计水资源管理制度，将使传统水资源管理方式真正转变到“以人为本”的道路上来。

第三，当前程国栋、陈惠雄、徐中民等倡导的幸福导向的水资源管理仍处于研究的起始阶段，缺乏把“水资源管理传统目标与幸福目标”融合的幸福导向水资源管理论框架，也缺乏面向幸福的水资源管理理论机理的科学阐述与政策框架构建，更缺乏对幸福导向下具体水资源管理问题调控机制的深入研究。

第三章　基于居民幸福背景下的水资源管理模式相关理论探究

将幸福作为水资源管理的价值取向是水资源管理领域的全新理念。这一理念的形成主要是基于幸福对于人类社会经济发展的终极价值意义的认识，其核心是对幸福的内涵、产生机制、影响因素与水资源及其开发管理之间耦合关系的深刻把握，进而建立幸福导向的水资源管理框架。本章将基于运用科学的辩证思维和现代人本主义思想，重点阐释幸福的基本内涵、幸福对人类社会经济发展的终极价值意义及当代社会幸福价值理念的回归，然后国民幸福的影响因素及其实现机制，水资源及其管理与国民幸福的关系，最后构建面向居民幸福的水资源管理理论框架。

第一节　幸福的产生机制、影响因素及终极价值

一、幸福的内涵和产生机制

（一）幸福的内涵

幸福作为人类生活普遍追求的目标，一直是思想家、学者探讨和研究的一个重要主题。但幸福一直没有统一而公认的定义，这反映了人们对幸福内涵认识仍存在争议。围绕幸福的本质内涵，从古至今一直存在两种基本的观点：快乐主义（hedonism）幸福论和完善主义（eudaimonic）幸福论（邢占军，2004）。前者认为幸福源于人的感觉，精神愉悦即快乐是最大的幸福；后者认为幸福不在于逸乐，而是人作为人的功能价值的实现。

快乐主义幸福论始于古希腊哲学家阿里斯底波（Aristippus）。他认为，感觉是幸福的唯一来源，而快乐和痛苦是唯一可感觉的东西，因而快乐是最大的幸福。实际上，阿里斯底波所宣扬的快乐主要是指肉体感官方面的享乐，将享乐作为人生幸福，反映了一种颓废的生活方式，因而其观点广受批评（邢占军，2004）。其后，古希腊另一位快乐主义幸福论者伊壁鸠鲁对快乐主义幸福做了进一步阐述，认为肉体和器官的快乐是一切快乐的起源和基础，没有感性的快乐，就不会有其他的快乐和幸福。此后，在漫长的欧洲中世纪，由于禁欲主义的盛行，快乐主义幸福研究受到极大的压制。17 世纪，英国经验论哲学家洛克（J. Locke）重启快乐主义幸福研究。洛克从人类所具有的“趋乐避苦”的心理和自然倾向出发解释了快乐主义幸福。他认为，幸福就是快乐，“极度的幸

福就是我们所能享受的最大的快乐”（罗国杰，宋希仁，1985）。在欧洲大陆，洛克的观点得到了莱布尼茨（G. W. Leibniz）的积极呼应。莱布尼茨称：“幸福就其最广泛范围而言，就是我们所能有的最大快乐。”但与洛克不同，莱布尼茨强调理性对于幸福的重要意义，认为理性和意志引导人们走向幸福，而感觉和欲望引导人们走向快乐（莱布尼兹，1704）。此后，功利主义哲学家边沁和穆勒直接继承了洛克等快乐主义幸福思想。在《道德与立法原理导论》一书中，边沁将“人性的趋乐避苦”作为论证其功利主义原理的基础，指出“功利主义原则就是：当我们对任何一种行为赞成或不赞成的时候，是看该行为是否减少当事者的快乐”（边沁，1789）。作为边沁的学生，穆勒对快乐主义幸福观做了更明确的阐述：“幸福是指快乐或免除痛苦，不幸是指痛苦和丧失愉快”（穆勒，1823）。19 世纪，德国古典哲学家费尔巴哈对快乐主义幸福作了较为系统的论述。费尔巴哈认为，“幸福只是生物强健的或安乐的状态”，并把快感和情欲的满足作为幸福的标志（费尔巴哈，1874）。其后，弗洛伊德（S. Freud）在对幸福问题进行研究时，也坚持了快乐主义的幸福观点，认为快乐原则支配一切人类活动，快乐实现了，人便是幸福的，但由于受到文明规范的制约，人又不可能达到快乐原则所追求的幸福（弗洛伊德，1930）。

在我国，尽管传统文献中论及不多，但快乐主义幸福论思想也可谓源远流长。秦时，李斯在《谏逐客书》一文中明确提出“快意当前，适观而已”的观点。魏晋时期流行的《列子·杨朱篇》更将快乐主义幸福观推向极端，指出人生的目的和意义在于声色与口福之乐（叶蓓卿译注，2011）。19 世纪末，康有为受西方文化影响，提出自己的幸福观，即“人道者，依人为道，苦乐而已；为人谋者，去苦以求乐而已矣，无他道矣”（康有为，1935）。20 世纪 80 年代，陈惠雄开国内快乐主义幸福论研究之先河，从人类行为的目的出发，把“人”的目的抽象到快乐的极限高度，认为趋乐避苦是一切人类行为的根本原则（陈惠雄，2008），这实际上是将快乐等同于幸福。

快乐主义幸福论从一开始就受到一些哲学家的质疑。德谟克利特明确指出，“使人幸福的并不是体力和金钱；而是正直和公允”，“人们通过享乐的节制和生活的协调，才能得到灵魂的安宁”。古希腊哲学家亚里士多德（Aristotle）在深刻反省阿里斯底波和伊壁鸠鲁的快乐主义幸福观基础上，较为系统地提出了完善主义幸福论，指出幸福即至善。亚里士多德肯定了快乐主义幸福观的人性前提，但并没有将幸福局限于人的快乐的心理感受。他认为，真正的幸福是“最高的善”，决不在逸乐之中，而存在于人的功能即人的善之中；由于“人的善是合乎德行而生成的、灵魂的现实的活动”，因而“幸福就是灵魂的一种合乎德行的现实活动”（亚里士多德，1990）。不难看出，亚里士多德所讲的幸福指的正是人们能够在活动中（人的思辨活动）发挥出自身的功能。亚里士多德的幸福观所强调的德行，被中世纪欧洲禁欲主义的倡导者大加推崇。古罗马哲学家塞涅卡（L. A. Seneca）正是从德行出发，形成并发展了基督教幸福观，这个观念对欧洲社会产生了极其深远的影响。塞涅卡指出，只有德行才能达到至善，真正的幸福建立在德行之上；人不应被各种激情所支配，而应控制自己的情感，面对任何情况都泰然自若，永不被恐惧、欲望和快乐痛苦之情所烦（唐凯麟，2000）。斯多葛学派代表马可·奥勒留将幸福定义为“拥有善的某种能力或保持善的某种品行”，认为“过一种幸福的生活所需的东西其实很少，只要节制、仁爱、恭顺等德行就够了”（唐凯麟，2000）。显然，这种基督教幸福论与完善主义幸福论有着根本区别：前者要求人忍耐、禁欲，使自己的行为合乎上帝所创造和决定的自然本性，而后者则要求人们在节制欲望的同时发挥作为人的自身潜能并实现自身价值。19 世纪后半期，德国哲学家包尔生继承与发展了完善主义幸福论（包尔生，1988）。包尔生更加强调幸福的客观的生活内容，他指出，实现意志的最高目标（幸福）的行为类型和意志是善的，这里的幸福是指作为人存在的完善和生命的完美运动。

20 世纪后，两种幸福论开始走向融合。新弗洛伊德主义的代表人物之一弗洛姆（E.Fromm）在肯定幸福的快乐内容的基础上，进一步发展了完善主义幸福论。弗洛姆认为快乐与幸福没有本质区别，快乐是同某一个别行为有关，幸福可以被称为是某种持续和一体化的快乐经历。在弗洛姆看来，幸福的对立面不是忧伤和痛苦，而是由于自己缺乏创造性和自己无成果而产生的沮丧（弗洛姆，1988）。心理学家马斯洛提出的需求理论进一步融合两种幸福论。马斯洛提出了人类所具有的五种基本需要：生理需要、安全需要、归属与爱的需要、尊重需要、自我实现需要，指出需要的满足会导致有益的、良好的、健康等方面的效果。其中，自我实现的需要是指“人对于自我发挥和完成的欲望，也就是一种使他的潜力得以实现的倾向”。自我实现的人是指“已经走到或正在走向自己力所能及的高度的人”。对于需要的满足，马斯洛将其视为自我实现（幸福获得）的必要条件（马斯洛，1987）。在我国，完善主义的幸福观是主流。我国先秦儒家强调人的社会性，认为人的幸福在于通过人生活动来满足社会和他人的价值的实现；只有把个人利益与幸福，他人、公众利益与幸福结合起来才是真正的幸福生活。

无疑，幸福具有客观基础。邢占军和陈惠雄分别对此进行了深刻论述。邢占军以心理学视角指出，幸福感是人们现实生活的主观反映，它既同人们生活的客观条件密切相关，又体现了人们的需要和价值情况；主观幸福感正是由这些因素共同作用而产生的个体对自身存在状况的一种积极的稳定的心理体验，反映的是人们享有的发展状况，并涉及特定社会条件下人们生活的主要方面（邢占军，2004）。从经济学视角分析，陈惠雄认为快乐即幸福感，是人类以一定的物质存在与消费为基础，又超然于物质之上的一种愉悦的精神感受（陈惠雄，2008）。《辞海》对幸福的定义是“人们在物质生活与精神生活中，因意识到实现或接近了自己的目的与理想而引起的精神上的满足感”（辞海，2010）。

可见，快乐主义幸福观片面地强调了幸福的主观感受的某种特征（愉悦的心理体验），而忽视了这种快乐产生的客观基础。完善主义幸福观更加突出的是幸福的客观特征，即人实现了作为社会人符合德行的功能时的一种客观状态，却忽视了由此给人带来的美好的主观感受。而当前融合了主客观内容的对幸福感的界定，仍强调幸福的主观内涵且对客观内容的关注突出在外在于人的幸福感产生的客观物质条件。对此，我们应从唯物辩证论的角度进行重新审视。一方面，不能否定幸福的主观特征，精神愉悦与快乐是幸福的重要标识；另一方面，更不能忽视人之所以为人，在理性与德性欲求支配下的自我完善与功能的实现，即个人发展与实践的幸福的客观实质。其实，两者辩证统一，均为个体幸福所不可或缺。趋乐避苦是所有生命个体的天性，也是个体生命存在和发展的前提条件，快乐和痛苦与人的生命功能的加强与削弱联系在一起（弗兰克，梯利，1987；陈惠雄，2006）。而身心健康为人的精神愉悦提供了生理和心理基础，人的自我完善是个体幸福的实质性内容。

综合上述分析，不难发现，无论是强调人的主观美好感受的快乐主义幸福论，还是强调人良好的客观存在状态的完善主义幸福论，均将幸福指向人的存在状态，指向人们普遍想望和追求的自身良好的存在或生存发展状态。由此，本研究认为，幸福本质上指的是人的一种良好的存在状态。在英语语境下，幸福可由“wellbeing”一词表示，由单词well（良好的）和being（存在）构成，意指人的良好的存在状态。与“happiness（幸福感）”相比，“wellbeing”是一个更加综合地描述人的生活状态的一个概念。马克思主义唯物史观认为，人有自然（生理）存在、社会（心理）存在、精神（意识）存在三种存在状态，三者有机统一，共同构成完整意义上的人（马克思，1985）。当人的三种存在状态均处于良好状态（身体健康、心理和谐与精神自由等），并由此产生愉悦的感受时，才是完整意义上的幸福。可见，幸福是指社会经济主体——人自身的一种良好的主客观综合存在状态，其中客观状态是指主体人三种存在的自我完善与发展程度，而主观状态则是指基于感知与评价带来人的一种综合的持久稳定的主观满足感，这种满足感又进一步强化和激励人的自我完善与发展。不可否认，人的这种良好的存在状态必然基于一定的外在客观条件及其对这种条件的利用、感知及评价，即幸福不可能脱离现实环境而成无源之水；与此同时，也应看到良好的外在条件本身并不意味着幸福，外在客观物质条件只有在被人感知并利用继而增进人的身心健康与发展、使人获得主观满足感时是才有价值和意义的。值得注意的是，幸福不可能自发实现，而是受人的主观能动性与外在自然、社会、经济、文化条件的限制。一方面，幸福需要人在一定的需要动机支配下发挥自身能力，有目的、有选择地追求、获取、利用、感知与评价幸福的外在条件，因而受制于人自身的实践能力；另一方面，人的内在存在与自然、社会、经济、文化等外在客观存有其本身的存在与运行规律，需要人在科学认知、尊重这些规律（提高自身理性与德行水平）的基础上加以利用，实现自身幸福。

基于上述分析，本研究将幸福定义为：主体人在自身符合理性与德行的多层面生存发展需要动机支配下，基于对各种外在客观条件的获取、利用而形成的一种稳定良好的综合存在客观状态以及在感知与评价基础上产生的综合而持久的主观满意感。简言之，幸福是指人符合德行与理性的持久稳定的良好主客观存在状态，包括由此带来的满意感。这里的外在的客观条件是实现幸福的客观物质基础，可称之为人类福祉或福利；人的良好的存在状态与愉悦感构成幸福的实质内容；人的需要与满足是幸福实现的动力机制；实践与主观能动性的发挥是实现幸福的根本路径。

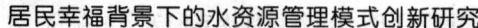

需要说明的是，与强调人的主观生活感受的幸福观不同，这里之所以将人的客观的良好生存状态作为幸福的实质内涵，是想澄清这样的客观事实：人本身良好的多维存在是目的，并不从属于人的主观感受，而人的愉悦感受依存于人的良好的多维存在这一客观基础。因此，仅仅将幸福归结为人的主观愉悦感受，不谈其客观实质，难免有唯心主义之嫌。

在一定程度上，人的身心健康与精神自由为人的主观愉悦感提供了基本的生理、心理基础与客观实质内容；而愉悦感只不过是人的身心健康与精神自由及发展得以实现时基于评价一种的主观反映。这符合马克思主义辩证唯物史观。强调幸福的客观实质，也为幸福的实现途径提供了明确的靶向，即要增进人的身心健康，促进人的全面自由发展。此外，这里的主观满意感（幸福感）不同于人某一生存发展目标实现时而产生的一时快乐，如一时的口腹之乐、一时被关爱之乐或一时的某种成功之乐。这些一时之乐可谓幸福感的基本要素，但本身并不能称之为幸福感。幸福感是基于对自身生存条件与自身稳定而综合的良好存在状态的感知与评价所获得的稳定而综合的主观满意感。这里强调幸福的理性与德行特征，是因为理性与德行是人性之美，是幸福的内在要求：只有理性和德行兼备才能将人的内在存在与外在自然、社会客观世界相协调，才能顺利借由外在世界实现自身身心健康与全面自由发展，才能使个人幸福追求与他人幸福、社会群体幸福相统一，才能真正获得主观上的内心的安宁、踏实与喜悦。总之，幸福不能简单视为人的主观愉悦感，更不能等同于感官的快乐，而是将外在的客观存在、人的存在、发展与人的主观感受三者相结合，如此才能充分理解和把握幸福的内涵。

根据幸福的定义，幸福的构成要素包括外在于幸福主体——人的客观存在条件即人类的福利与福祉和人作为人的（自然、社会、精神）多维存在以及联系两者的人的多层面存在发展需要及为实现这种需要对外在客观福祉条件的获得、利用、感知与评价。三者对幸福的实现缺一不可。其中，外在客观存在是幸福发生的物质基础，其外延极广，几乎包括整个客观存在世界，凡是可增进人类身心健康、促进人全面发展、引发人类精神愉悦的外在自然与人文要素均可被视为人类福利或福祉。人的自然、社会、精神三重存在是幸福的载体，其中自然存在是人社会存在与精神存在的生理基础，而其发展及由此产生的舒适感本身即是幸福的基本内容；人的社会存在是人心理健康的承载体；人的精神存在是人精神愉悦的载体。人的需要及其满足是实现幸福的动力机制和有效路径。

幸福具有系统性、动态性、差异性。人的幸福不单纯指人的主观愉悦感或快乐，理解幸福需要将幸福的三要素相结合。人的幸福是在人的有意识、有目的的生存与发展需要驱动下，通过创造、利用外在客观条件而实现的。这种实现通过增进人的身心健康及主观愉悦感强化人创造利用外在物质条件的需要动机与能力，进而促使人不断地或在更高层面上创造实现自身幸福的条件，如此在外在环境、主体人的多维存在、人的需要动机之间形成一个不断强化的幸福功能系统。人的幸福是个动态过程，是在不断追求和满足人的生存发展需要过程中得到满足和提升的，这也意味着人若没有了生存发展欲求或丧失了的生活的希望，整天无所事事，将无法获得更高层面的幸福，幸福感将会降低甚至消失。此外，不同个体之间存在幸福差异。尽管不同的社会个体在生存发展基本欲求方面大体一致，但其所重点关注的欲求目标可能存在差异，从而使幸福的结构存在差异。

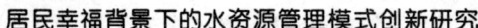

（二）幸福的产生机制

幸福本质上是人作为完整意义上的人的良好的综合存在状态。人作为生命存在、社会存在与精神存在，其良好的存在与发展状态（客观幸福及其主观感知幸福感）不可能自发实现。幸福是人在自我生存发展多层面需要动机的支配下，以实践为手段（包括劳动与消费），通过对外在客观条件的主动利用、创造、消费、感知、评价并作用于人的生理、心理与精神才能实现。人类多层面生存发展需要均得到一定程度的持续稳定的满足，这也正是幸福产生的内在机制。幸福的实现显然需要借助外在的客观条件，但若没有人在本能或理性与德行支配下的积极利用，就不能充分正向地作用于人的存在与发展。人对外在客观条件的创造与利用受一定的需要动机的支配。没一定的需要动机，不但人的主观见之于客观的实践活动无法开展，也不能产生基于对特定需要目标与理想的接近或实现的感知或评价而获得的精神愉悦感。可见，外在客观条件、需要动机、人的实践活动、感知评价是幸福产生的必要条件，它们与幸福关系如图 3–1 所示。

人具有自然存在、社会存在与精神存在等多层面存在形式，因而具有多层面生存发展需要。根据美国著名人本主义心理学家马斯洛的需要层次理论，人作为完整意义上的人有生理需要、安全需要、关爱与尊重的需要、审美的需要、求知的需要以及自我超越的需要等多层面的需要（马斯洛，1953）。这些多层面需要分别对应人们的自然存在、社会存在与精神存在。人类的各项行为正是在这些需要动机支配下展开，以维持人类生存发展并获得幸福。值得注意的是，根据马斯洛需要理论，不同的人类发展历史阶段和人的发展时期总有一种生存发展需要最为急迫，成为支配人类活动主动力；当这种需要得到一定程度的持续稳定满足后，会逐渐过渡到对更高层面需要的追求。同一时期，正是由于不同社群或个体生存发展阶段不同，所追求的最主要的生存发展目标不同，才使同一时期人们对自身幸福的关注重点不同，并支配着同一时期不同的人类行为和社会经济发展方式。

但是，不管人类处于哪个发展阶段，作为完整意义上的人的多层生存发展需要均存在，因此作为人的良好的综合存在状态的幸福，不可能仅由单一方面需要的充分或过度满足来实现。理论上，幸福的实现必然是人的多层面生存发展需要均能得到一定程度的持续稳定的满足，人的幸福感是对人的多层面生存发展需要得到持续满足时获得的一种相对稳定综合的精神愉悦感，而非单一需要满足获得的快乐。关于幸福的实现，人的行为或社会经济发展目标尽管在不同时期有所侧重，但应尽可能做到全面综合与协调，不可执著于某一需要的满足上。

二、幸福的影响因素

关于幸福的影响因素，不同的学者或者实践者有不同的看法。将幸福作为施政的直接目标并取得显著成效的不丹国王吉格梅·辛格·旺楚克曾指出，经济增长、环境保护、文化发展、政府善治是幸福的四大支柱（卡玛·尤拉等，2011）。高帆（2011）认为，影响幸福的社会制度环境包括五大方面：① 经济因素，主要涉及人均真实收入与收入分配差距两方面内容；② 社会因素，包括社会保障程度及社会组织进程；③ 文化因素，包括国民受教育程度及文化多样性、协调性；④ 政治因素，包括公民间的利益协调机制，公民与政府之间的责任、授权及监督关系机制；⑤ 生态因素，包括人均意义上环境资源占有量及国民对环境投资与收益的公平性。陈惠雄教授（2006）认为，影响人快乐（主观幸福）的因素囊括了整个存在世界，包括从个人到自然环境六大系统因子：健康、家庭、收入、职业、社会、环境状况。这六大系统影响因子。对人的生存发展存在不同程度的影响，因而会受到人们不同程度的关注。其中，健康与家庭最为重要。Andre van Hoorn（2008）对幸福感影响因子研究成果做了系统归纳，认为幸福感的决定因素包括六大类。① 基因决定的个性因素：一般来讲，外向型性格的人高于神经质的人；② 健康状况与家庭背景：身体越健康越幸福，已婚人士幸福感要高于单身者；③ 人口学特征因素：通常女性幸福感高于男性，主观幸福随年龄呈 U 形变化，即年轻人与老年人幸福感较高，中年人较低；④ 社会制度因素，如直接民主制度；⑤ 环境因素，如气候变暖可在一定程度上降低人们的幸福感等；⑥ 经济因素，包括收入、就业与物价情况等，失业与通胀往往对国民幸福有较强的负面影响。可见，当前人们多从幸福感知的角度探讨幸福的影响因素，认为幸福因子不仅涉及人类社会经济发展的各个领域，包括人类政治、经济、社会、文化、生态环境等多个外在因素，还涉及人个体身心健康、人口学特征等因素。

本研究从幸福的内涵与实现机制出发，将幸福的影响因素分为客体因子与主体因子两大类。其中，客体因子包含存在于幸福主体人以外的所有自然与社会存在，如丰富多样的自然资源、稳定平衡的生态环境、合理优化的经济结构、充足优质的社会财富、文明和谐的社会关系、文明民主的管理体制等，这些通常被称为国民福祉或福利，是幸福产生的外因；主体条件包括人的生存发展需要动机与实践能力，是构成幸福实现的内因。人的主观幸福感影响因素还包括人的身心存在状态（身心健康与发展程度）及其感知评价能力。生活中失去自我和对生活希望的人或自暴自弃者往往是身心健康极易受损和幸福感极低甚至是痛苦的人。同样，人的需要动机结构对一个人的幸福产生也有重要影响。人的不同需要动机的强度决定着人们对各层面需要满足的行动付出程度及对各层面需要实现时的主观感知度，人们往往对自己当下或未来最为关心的生存发展需要付出最多，其实现时获得满足感也最为强烈。在同样的条件下，由于需要动机结构不同，人们的幸福感知往往存在较大差异。人的实践及其能力是人在需要动机驱动下利用外在客观条件实现自身幸福的根本途径与条件。人的实践能力不足或结构不合理，就不能顺利实现自身多层面生存发展需要，即实现幸福。另外，人的主观幸福感还受制于人对外在生存发展环境及自身存在状态的感知与评价能力，即人的幸福感源自对自身生存环境与存在状态的基于特定幸福认知的正确、积极评价。

虽然幸福通常用于指个体的一种良好的综合生存发展状态，但特定社会群体中不同个体的幸福状态具有共性。这使我们有可能从社会群体层面研究幸福。这是因为人作为人的多层次存在状态一致，人的各种欲望、需要及满足人类欲望、需要的外在客观条件是相同或基本相似的，产生幸福感的生理基础和机制也是相同或相近的（陈惠雄，2005）。本书主要是从社会群体角度（国民幸福层面）探讨水资源管理问题，所涉及的幸福影响因素具有普遍性。

三、幸福的终极价值意义

在人类行为与社会经济发展的诸多目标中，幸福无疑是人类普遍追求的重要目标之一，但幸福目标是否为人类各种行为共同指向的唯一的终极目标呢？这是个需要深入辨析的终极哲学问题。只有明确了终极目标，才能对人类各项行为与社会经济发展做出统一的终极价值判断，才能及时纠正和协调人类各项行为与社会经济各项事业发展的方向，才不

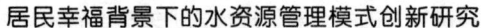

会在实现这一终极目标的过程中迷失于某一或某些中间目标的追求上，甚至走向违背终极目标的歧途。

从人的经济生产活动看，各类生产资料的生产服务于生活资料和服务的生产，而生活资料或服务的生产直接服务并满足人们的生命存在与发展的需要。饮食、服装、房屋、冰箱、空调、汽车等物质产品主要满足人的基本生理存在的需要，即为了身体健康、体质发展及相应的感官快乐；文化、教育、艺术、娱乐等非物质产品与服务主要满足于人的心理与精神需要，即为了心里精神健康、心智发展及由此带来的精神愉悦。而近期出现的将物质产品与精神产品相结合的体验经济便是满足人们多层面生存发展需要的产物。从人的社会活动来看，人们参与各种社会活动，包括组建家庭、参加各类社会组织、从事各类劳动等，多服务于人的心理健康与发展，并获取相应的精神愉悦。人类的环境保护行为，其根本目的在于为人类可持续生存发展（永久幸福）提供基础条件。从人的精神活动看，人类对真理的认识与追求均是为了获得自身精神存在的自由，并服务于减少自身生存发展的内外在束缚。总之，人类的各项行为目的最终均指向了自身多层面存在与发展的需要。

从学理视角看，根据世界对立统一原理，尽管人类追求的各种具体目标相互独立，甚至矛盾，但在人类各种行为目标中，必然存在一个能够统一、支配所有人类行为的一般目的，这个目的使人类行为相互协调，维持人的存在。这一目的不应存在于人之外而是人本身，是为了人本身更好地生存发展并获得精神愉悦（幸福），这既符合仍作为生命有机体趋乐避苦维持生命存在的本能，也符合人类追求自身完善的理性与德行；否则，若终极目的指向外物，人类将早已不复存在，毋论发展。马克思、恩格斯曾明确指出："任何个人如果不是同时为了自己的某种需要和为了需要的器官而做事，他就什么也不能做。"（中央编译局，

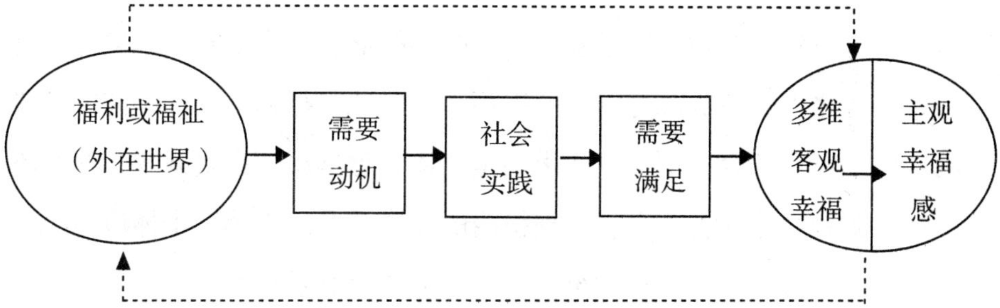

图 3-1　客观福利与幸福的主、客观维度及其相互关系

1960）。也就是说，人的需要是人的活动动机和目的的原始根据，也是人们度量自身一切活动及其结果是否有价值、是否值得的最终尺度。

可见，人类所有有意识的行为都是对幸福的直接或间接追求。因此，无论是古之先哲还是今之学者，无不强调“幸福”对于社会经济发展的终极价值意义。伊壁鸠鲁认为，人生来就有谋求幸福的欲望，这种欲望是他一切行为的基本原因。这一认识代表了后来诸多思想大家共同的人生观与社会价值观。澳大利亚社会科学院黄有光院士指出，快乐是人类唯一有理性的终极目标（Yew-kwang Ng，2005）；国内快乐经济学研究先驱陈惠雄认为，国民快乐是社会经济发展的终极目的，而近百年来人类迷恋不已的经济增长仅仅是实现国民幸福的手段（陈惠雄，2006）。

这里需要说明的是，尽管幸福及幸福感具有显著的个性特征，即幸福最终体现为个人的生存状态及其主观感受，但无疑个体幸福内生于集体（国民幸福）之中，实现个体幸福的最大化离不开他人与集体幸福的实现。根据马克思的唯物史观，人是社会存在，任何人的存在都以他人存在和集体存在为前提和基础。诸多他人或集体的良好存在（社会群体的发展）为个体良好存在与全面自由发展提供了必要条件。那种将个人幸福与他人幸福、集体幸福对立起来，将个人幸福建立在比较优势地位（如拥有更多的金钱与更高的地位，而非自我完善和价值的更大发挥）甚至他人痛苦之上的幸福观是狭隘的幸福观，由此获得的幸福不是完整意义上的人的幸福。社会和谐与共同幸福是个体心理健康的必要条件，社会不公是造成弱者心理痛苦与强者心理扭曲的重要根源。因此，个体应将个人幸福与他人幸福、群体幸福相统一，而作为公众利益代表的政府，应将实现社会群体幸福、国民幸福作为自身决策行为的根本价值取向。

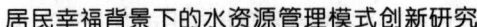

尽管幸福对人类具有终极价值意义，实现国民幸福最大化应是一国社会经济发展的根本价值追求，但片面追求经济增长一度成为20世纪人类的普遍信仰（McNeill，2000），至今多数国家仍未摆脱片面追求物质财富增长发展理念的束缚。毋庸置疑，发展经济对于改善国民福利、提高国民幸福水平具有基础意义：物质匮乏、缺衣少食、生存无保，国民幸福就无从谈起；适度发展的经济和财富积累，是实现国民更高层面幸福生活的重要条件。但是，经济增长与国民幸福水平提高并非始终高度一致。早在20世纪70年代就有研究表明，当国民收入增长到一定程度，国民幸福就不再随着收入增长而相应提高（R. Easterlin，1974）。这种“经济有增长，幸福无提高的现象”也是当代世界诸多国家普遍面临的社会经济发展难题（陈惠雄，2008）。这一难题的产生并非偶然，从根本上讲它是人类长期以来忽视“人的幸福”，特别是“最大多数人的最大幸福”这一经济社会发展终极价值目标的必然结果。

实际上，以经济增长为中心，片面强调物质财富的生产与消费，对人类福祉与幸福存在很强的负面效应，如自然资源的大量消耗和生态环境的恶化；过度的体力与脑力劳动损害人类身体健康，盲目的竞争给人们带来精神的高度紧张，社会关系的货币化导致人类诸多美好情感关系的淡化等（周天勇，2007）。鉴于当前人类发展困境及幸福对于人类社会经济发展的终极价值意义，必然要求重新审视以经济为中心甚至目的的发展道路，进而创新社会发展模式，并确立以国民幸福为核心和导向的社会发展体系。只有以“国民幸福最大化”这一社会经济发展终极目标为导向，重新审视人类的政治、经济、环境制度，确定社会发展体系，拒绝舍本逐末、片面追求实现幸福的某些具体手段或工具（物质财富增长），才能破解当前的发展难题，更好地推动人类社会文明进步，增进人类福祉。

基于对传统发展模式弊端的认识，20 世纪 80 年代世界环境与发展委员会（World Commission on Environment and Development，WCED）首次提出了可持续的发展的理念，即“既满足当代人需要又不危及后代子孙满足其需求能力的发展”（WCED，1987）。这是人类发展史上里程碑式的事件，使人们第一次开始真正从人的角度审视“发展”的内涵，从关注发展的手段——物质财富，转向关注发展的目标——人的需要。此后，人们对发展的认识不断深化。21 世纪初，我国政府提出“以人为本”的科学发展观，将社会发展的根本目的定位到人的全面发展的实现，通过社会经济的全面、协调、可持续发展促进人的全面发展，其本质亦即幸福的发展观（胡鞍钢，2010）。近些年，世界越来越多的国家不约而同地开始主张将国民幸福（Gross national happiness，GNH）作为衡量社会发展的重要指标（沈颢，卡玛·尤拉，2011）。随着时代的进步，对国民幸福的关注必然要求在社会经济发展的各个领域做出深刻改变，从促进和最大化国民幸福的角度重新评价和检测、调整或设计各项领域政策措施。基于此，2012 年第 66 届联合国大会一致通过决议，确认追求幸福是人的一项基本目标，幸福和福祉是全世界人类生活中的普遍目标和期望，“实现共同幸福”是人类最伟大的目标，并要求各国政府将共同幸福作为公共决策考量的重要目标。

第二节 居民幸福指数与公共政策关系探究

一、居民幸福测度与幸福指数

由于幸福是人类活动与社会经济发展的终极目标，因此国民幸福是衡量一国社会经济发展的最终标准和指标。国民幸福的测量是将幸福作为社会经济发展目标，进而衡量社会经济发展状况的基础性工作，也是评估政府公共政策效果，进而改进公共政策的前提。当前，国民幸福的测量分为主观幸福感测量与客观福利条件测量。

（一）主观幸福感测量

作为人类外在生存发展条件与人类存在发展及其状况的主观感受与反映，幸福感往往集中反映着人的幸福状态，因此可将其作为幸福统一的主观标度和指标，并通过测量幸福感水平（幸福指数）来衡量人类社会发展水平。考察近现代幸福测量的相关研究不难发现，对主观幸福感的测量处于举足轻重的地位。幸福感测量真正起源于 18 世纪功利主义伦理学的鼻祖边沁。边沁认为，幸福可以通过人们所体验到的快乐和痛苦情感的权衡来测定，并设计了一套完整的计算方法来度量个人的苦乐状态及社会的苦乐趋势（唐凯麟，2000）。边沁对幸福的主观度量对经济学领域产生了巨大的影响。在经济学家那里幸福感被称为福利，即人们对享受或满足的心理反应，福利有社会福利和经济福利之分，社会福利中能够用货币衡量的那部分是经济福利。其中，经济福利主要体现在商品对消费者的效用上，因此可以用效用的大小和变动来表示个人福利的增减。在计算经济福利时，庇古提出了边际效用基数论。按照这种观点，消费者购买某种商品所获得的效用，可以用边际单位商品的价格来表示（厉以宁，1984）。

20 世纪 50 年代以后，伴随着人类社会经济的快速发展与物质财富的不断丰富，人类生活体验问题日渐突出。于是，福利经济学家提出了“生活质量（quality of life）”概念。此后，生活质量研究同社会发展指标运动结合起来。一些社会学家在尝试构建衡量生活质量和社会经济发展水平主观指标体系过程中，推动了生活质量意义上的幸福感的测量（邢占军，2002）。在对生活质量意义进行研究时，主观幸福感一般被定义为“人们对自身生活满意程度的认知评价”。评价时选取的维度包括：总体生活满意度及具体生活领域满意度。但在早期的评价测量中多是对具体领域的测量，或在对总体满意度测量时采取单向满意感得分加总整合的方法。20 世纪 80 年代后，不少研究者尝试构建多项目总体满意感量表，尝试对总体生活满意度进行测量。20 世纪 80 年代，随着行为科学的发展，福利经济学吸收了心理学的研究方法和成果，在幸福感测量方面取得了一些进展，其代表人物是澳大利亚社会科学院院士黄有光。黄有光在坚持快乐可计量理论的基础上，1996 年提出了快乐效用计量的公式，并证明快乐的基数的可测量性和人际可比性（Yew-Kwang Ng.，1996）。

由于过分注重构成幸福的主观要素的测量，边沁等人的幸福感（快乐）的测量研究很早就受到了质疑。19 世纪后半期，另一位功利主义大师西季维克对边沁等人的幸福测量的不足进行了检讨；他认为，幸福度量的伦理学研究，主要基于利己的快乐主义的假设，它包括经验的快乐主义和客观的快乐主义两种取向。经验的快乐主义采取的是经验—反思的方法，由于受到主体状态和外部条件的影响，人们对快乐的体验总是模糊不定，甚至体验到虚假的幸福感，而且用当前的体验来预测未来的幸福状态，是极不可靠的。

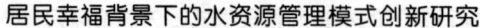

国内，我国学者对主观幸福感的研究大致始于20世纪80年代中期。在社会科学与心理学界，学者的研究着眼于对人们生活质量的评价，在方法上多是借鉴国外的同类研究的思路与方法（林南，卢汉龙，1989；邢占军，张友谊，唐正风，2001）。在经济学界，我国快乐经济学家陈惠雄教授富有创见地指出，产生幸福感的人的身心机能与外在条件都是客观的、相同或相似的，这确定了幸福感（快乐）的可测量性（陈惠雄，1988）。基于这一理论，陈惠雄教授进一步设计了测量快乐的主客观相结合的指标体系及相应的调查量表，经过信度和效度检验，证实了其理论、方法的高度可信性与有效性（陈惠雄，吴丽民，2006）；基于此，进一步提出构建了基于社会经济发展的国民幸福测度指标体系（陈惠雄，潘护林，2014）。但这种方法对幸福客观内容的测量很少涉及人自身生存发展状态这一幸福实质内容。

（二）幸福的客观内容测量

一些研究开始转向对幸福的客观内容的测量，但主要是基于对生活质量的考虑，对人幸福的外在客体条件，即人类福祉的测量。美国未来学家福雷斯特在《增长的极限》中首先提出了一套生活质量客观指标模型，它包括生活水平、人口密集程度、环境污染程度等指标。美国学者刘本杰根据美国1970年人口普查资料提出了一套由客观因素构成的生活质量指标，它的分项包括五个主要方面：经济、政治、环境、健康和教育。其中每一分项又包括许多不同的个体指标。不丹的国民幸福指数的构建也是幸福客观福利条件：政府善治、经济公平和持续增长、文化传承与发展、环境保护。“政府善治”指的是不丹政府不保留过多的权力，并对国家进行重新设计与建构，重构政府的权力结构；“经济增长”指的是不丹用有限的生产资料获得物质产品和服务，并且这些物质产品和服务能够得到持续增加；“文化发展”指的是不丹文化在历史发展的积淀中，形成了极具特色的文化传统和文化表现形式；“环境保护”指的是不丹能够协调人类与环境的关系，能实现人与自然的和谐共处。程国栋认为，国民幸福生活核算体系是一种综合考量，我国的国民幸福指数主要由政治自由、经济机会、社会机会、安全保障、文化价值观、环境保护六类要素组成（程国栋等，2005）。

奚恺元教授提出的国民幸福计算指数包含了生产总值指数、社会健康指数、社会福利指数、社会文明指数及生态环境指数，是这几个方面指数的加权综合，即国民幸福指数 = 生产总值指数 a% + 社会健康指数 b%+ 社会福利指数 c%+ 社会文明指数 d% + 生态环境指数 c%。法国经济绩效和社会进步委员会，即斯蒂格利茨 – 森 – 菲图西委员会的研究报告则认为，至少在原则上，测量幸福应同时考虑以下八个关键维度：物质生活水准（收入、消费和财富）；健康；教育；个人活动，包括工作；政治表达和治理；社会联系和关系；环境（当前和未来状况）；不安全状况（经济的和物理的）（斯蒂格利茨等，2011）。

由于幸福是指人的存在与发展状态，因而不能将外在的客观宏观存在福祉条件作为测量国民幸福的直接指标。如经济指标 GDP，无论是总量还是均量均不能代表国民幸福，社会经济其他发展状况也不能代表国民幸福。这是因为当社会经济发展福祉被少数人占有，或不能被大多数人充分享用，并且不能与居民生存发展需要结构相匹配时，用其测量居民幸福将毫无意义。此外，即使个体拥有了优越的客观福祉条件，但没有符合理性的充分合理利用，没有基于正确人生观与价值观支配下的感知与评价，也不一定使人感到幸福。人生幸福的测量只能从测量主体人的存在状态出发，包括的身心健康状况、意志自由状态及其主观反映，即幸福感；其中持久的幸福感由于大体上集中综合反映国民身心健康与精神自由，即人的全面发展状态，因而可作为幸福的一个统一的指标。作为幸福实质内容的人的自然（生理）、心理（社会）、精神（意识）存在与发展状态的测量包含三个方面的客观指标：身体健康、心理健康、精神自由。其中，身体健康指标反映人作为自然生命存在的良好状态。身体健康是指身体无残疾、脏器无疾病、功能正常、体质健壮、精力充沛，在医学上可进行客观检测。心理健康（和谐）主要反映人作为社会存在的良好状态，心理健康是指性格完善、智力正常、认知正确、情感适当、意志合理、态度积极。反映人作为“自由的有意识的活动”的存在，即精神存在良好状态的是思想意识的自由，即人的思想与决策能够不受社会的、传统的、宗教的、民族的既成观念、思维方式和基本理念的束缚和左右，而是以自我的、独立的眼光去观察、审视和验证，在此基础上进行自由的探索和发现，并做出决策。

二、居民幸福与公共政策的关系

衡量一个社会进步与发展最根本的标准，是这个社会是否能够很好地满足国民的生存发展需要，是否能够为国民提供广阔的自由发展空间，进而最大限度地增进国民幸福（邢占军，2006；陈惠雄，2008）。从这个标准来看，以往将 GDP 这类反映经济发展的指标作为衡量社会进步发展的核心指标是欠妥的，在某种程度上可能会导致社会政策选择上的舍本求末，忽视人的存在及其多样化幸福需要，这也正是近年来人们试图对这一指标加以修正或补充的原因。反映民众主客观生活质量的幸福，是一种高度人性化的指标，恰恰可以弥补 GDP 等指标的不足，用以衡量社会的全面进步与发展。根据 André van Hoorn（2009）的研究，幸福对政府制定公共政策至少有如下几个方面的功能：导向性功能，即作为公共政策制定的明确目标；指标诊断功能，即作为衡量政策成效的尺度；政策选择功能，即作为决策选项“成本—效益”分析的标准。此外，幸福还具有政策协调功能，可以基于对人类幸福意义的大小对社会经济发展政策进行先后排序与统筹协调。无疑，国家能为国民提供的生存与发展条件与国民幸福密切相关；国民生存与发展，即国民幸福所应具备的条件正是公共政策可以关注与发挥作用的地方。

将幸福作为社会经济发展的根本目的，理清幸福内涵及其实现条件之间的关系有着重要的政治与政策意义（图 3-2）。致力于以人为本、满足国民基本生存发展需要以提高国民幸福的外在客观福利条件的改善，是决策者制定政策的着力点和基本内容；基于外在客观福利条件改善的国民幸福水平是检验、调整政策的根本标准。因此，决策者必须首先弄清影响当前人们生存发展的因素及满足当前人们生存发展需要的外在福利条件的基本内容，并基于此制定相应的系统全面协调的社会经济发展公共政策，而后基于对国民幸福的调查、测量，监测、检验评价政策效果调整政策。

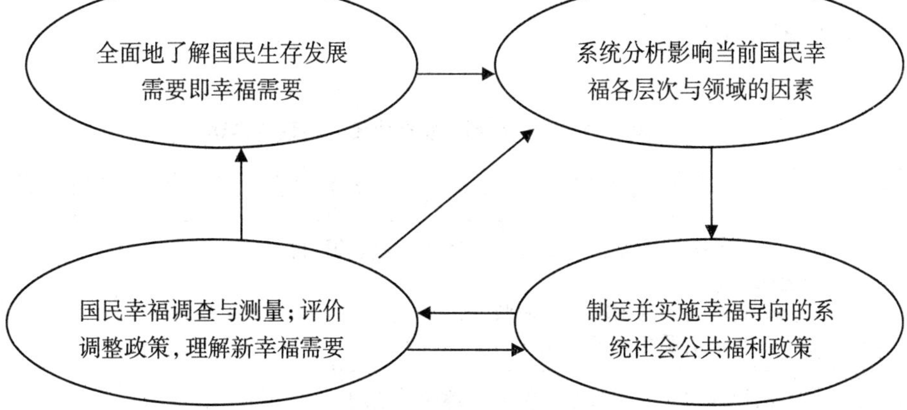

图 3-2　幸福概念的政策意义

第三节 居民幸福指数与水资源管理关系探究

在人类赖以生存的外在物质条件中，水是生命之源、生产之要、生态之基、文化之根，与人类幸福存在最为广泛密切的联系。具体表现为如下几个方面。① 水是生命体的基本组分，是维持生命体正常新陈代谢的物质基础，因而对人类生命健康和自然界生态系统良性循环都十分重要；② 水资源也是人类社会生产的重要投入要素；人类各项生产，尤其是农业生产严重依赖于水资源。③ 水资源不仅为人们日常生活、生产所必需，也广泛作用于人类文化、精神领域，给人以思想灵感和精神享受（潘杰，2007；刘新荣，2007）。

一、水资源管理的结构性要素

IWRM 作为当前国际水资源机构努力倡导的水资源管理模式，其主要内容如表 3-1 所示。

表 3-1 当代可持续集成水资源管理的内容

模 块	含义与内容
实施环境	1. 政策：为水资源使用、保护、储备设定政策目标。 包括： （a）制定完备的国家水资源政策； （b）与水资源相关的政策。
	2. 法律框架：实现政策目标所要遵循的法规。 包括： （a）水权法； （b）水质立法； （c）现有法规改革。

续　表

模　块	含义与内容
实施环境	3. 资金与激励机制：配置满足水需求的资金资源。 包括： （a）投资政策； （b）公共部门的机制改革； （c）私人部门的角色； （d）成本回收与收费； （e）投资评估。
体制作用	4. 建立组织框架：形成一个广泛参与、管理高效的管理机构体系。 包括： （a）国家最高管理机构； （b）跨边界的水资源管理组织； （c）流域管理机构； （d）立法、执行与监督机构； （e）地方政府职能部门； （f）民间社会机构与地方社区组织。
	5. 机构能力建设：开发人力资源。 包括： （a）民间社会群体的参与能力与执行力建设； （b）制度能力建设； （c）对水部门专业人员进行培训，提高其 IWRM 能力； （d）信息公开与交流。
管理手段	6. 水资源评价：理解资源与需求状况。 包括： （a）建立水资源知识库； （b）进行水资源评价； （c）IWRM 中的模拟； （d）开发水管理指标。
	7. IWRM 规划：组合开发方案、资源利用和人力的交互作用。 包括： （a）流域管理规划； （b）区域管理规划； （c）风险评价与管理。

续　表

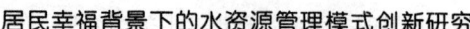

模　块	含义与内容
管理手段	8. 效率管理：管理需求。 包括： （a）提高用水效率； （b）循环利用； （c）提高水供给效率。
	9. 社会变革手段：鼓励建立水（节水和水效率）导向的社会。 包括： （a）水管理的教育课程； （b）水从业者的培训； （c）培训者的培训； （d）与利益相关者交流； （e）节水运动与增强节水意识； （f） 扩大水管理参与基础。
	10. 解决冲突：争端管理保证水资源公平分享。 包括： （a）冲突管理； （b）共享的前景规划； （c）构建共识。
	11. 规章措施：水资源配置和水资源利用的制约规则。 包括： （a）水质制度； （b）水量制度； （c）水服务制度； （d）土地利用规划控制与自然保护。
	12. 经济手段：用水价值与水价，提高效率与公平。 包括： （a）水定价与水服务； （b）污染与环境服务收费； （c）水市场与交易许可证； （d）水补贴与激励。
	13. 信息管理与交流：为更好地进行水管理而提高知识水平。 包括： （a）信息管理系统； （b）分享国家与国际数据。

资料来源：根据全球水伙伴技术咨询委员会背景报告和技术摘要（GWP，2000）

1. 水资源开发利用相关的政策、法规、制度及管理细则。这是进行水资源管理的依据和规则。完善的法规制度不仅可以保障水资源相关利益团体的用水权益，特别是保障环境用水等公共权益，而且还规定着各用水主体的基本义务和责任，为协调各种用水关系，保证公平用水，提供制度保障。

2. 水资源开发利用及其管理的资金支持。由于自然界的水资源一般无法直接用于生产、生活，而且人类还要面临洪涝、干旱的威胁，这需要投入大量资金进行各种水利基础设施建设和维护。当代水资源管理是复杂的系统，需要大量的管理资金投入。作为公共福利，水利设施一般由政府等公共机构负责，但如果充分吸收私人部门投资并加以规范管理，不仅可以缓解政府压力，还可以增加就业机会，完善市场体系。

3. 广泛参与的水资源管理体制。体制通常指国家机关、企事业单位的机构设置及其隶属关系、权力职责划分等方面的具体体系和组织制度。传统的自上而下命令式的水管理方式，忽视广大用水户的利益诉求，其政策的制定往往受到质疑而得不到支持。建立多相关利益主体广泛参与的水资源管理体制，特别是建立社区用水户自主管理组织（如用水户协会），进行水资源管理的决策、实施、监督，不但可以集思广益，提高水资源管理效率，而且可以保障广大用水户的水权益及其利益协调，减少用水纠纷。同时，体制能力建设可以加深广大用水户对水资源的理解，节约用水。

4. 综合的水资源管理规划。综合规划是水资源集成管理总体方案。鉴于当前水资源的稀缺性和多种用途的竞争性，综合集成应是当代水资源管理的基本特征。在水资源管理规划中，应全面考虑不同用水效益、不同用水主体和区域以及不同水体形式、水量与水质管理关系的协调，以便最大限度综合地发挥水资源在经济、社会、生态等多方面的社会福利功能。

5. 多样化的管理手段。其中重点是需水管理：① 冲突解决机制，即水管理者采用什么方法在竞争性用水户间高效率、公平地分配水，包括协商、谈判、法律裁决等。② 技术手段，即节水技术及培训等，可以直接提高用水效率。③ 经济手段，包括水价、水费、补贴、水市场等。研究表明，水价、水费有利于刺激使用者节水、转变种植业结构等；水市场可以优化水资源的配置在保障人们生产、生活用水的前提下，最大限度地节约用水。补贴特别是对低收入群体的补贴是保证用水公平的必要手段。

6. 评价与信息交流、反馈。① 水资源评价，包括水资源的监测 / 测量与评价、水资源开发项目对社会及环境影响的评价，目的是了解水管理的性质与范围，获取水管理基础信息。② 水资源管理评价，包括水资源管理过程评价、效益评价及外部影响评价。③ 信息公开、交流、反馈，包括向公众或利益相关团体公布水资源及供水的可靠的调查结果数据，最新的用水注册和记录，水权及水权的受益者和相应的分水量；向水资源管理机构反映管理效果、用水户意见，以便进一步调整水资源管理方案和措施。

二、居民幸福与水资源管理的关系

水资源作为人类生产、生活的重要资源和维持生态系统良性循环的基础性自然资源，是人类福祉的重要物质基础。水资源管理的根本目的在于通过对资源开发、利用的管理，使有限的水资源最大限度地造福人类。以水和人类需要为纽带，可以建立起水资源管理与国民幸福之间的关系。

（一）水资源与国民幸福的关系

1. 水与国民环境福利。人具有自然属性，人类社会经济系统是整个地球生态系统的一部分（Herman E. Daly，Joshua Farley，2003）。在自然界中，生态系统为人的生存与发展提供必要的资源条件，如清洁的水、适宜的空气与温度、适合种植粮食的具有一定肥力的土地，从而满足人的生存需要。而生态系统的存续变化严重依赖自然界水资源的变化。水资源作为生态系统的一部分，不仅可以满足人类生存需要，还可以通过影响生态系统对人类持久福利产生重要影响。

2. 水与国民经济福利。水不仅是人们日常生活的必需品，而且是人们进行生产的重要资源投入要素。随着水资源的稀缺性和竞争性日益凸显，水资源逐渐具有了经济物品的属性（GWP，2000）。为提高水资源利用的经济效益，水资源定价收费及水资源配置的市场化成为趋势。水费收缴一方面可为可持续水利投资提供资金保障，另一方面可以激励人们节约水资源，提高用水效益。但值得注意的是，要防止供水垄断造成的水价、水费过高，超过人们的经济和心理承受能力，以免影响国民幸福感。水资源市场的建立将为人们提供更多的投资创业、就业的机会。可见，水资源通过作用于经济系统，可满足人们生存与自我价值实现的需要，从而提高人们的主观幸福感。

3. 水与国民社会福利。水是人们生产、生活的必需品，公益性是其基本属性。这意味着水资源需要在不同人群之间进行公平分配，以满足人们的生活需求。水资源的公平分配，必然有利于社会公平。由水资源稀缺导致的水事冲突是导致社会不稳的重要因素。水事纠纷的解决有利于社会安定和谐，所以通过水资源的分配和用水矛盾的调节，可增强人们的幸福感。

4. 水与国民政治福利。水资源作为一种日益稀缺的战略性经济资源，也具有重要的政治意义。需要围绕水资源的开发、利用、保护，建立一些水资源的权属、保护、管理、规划等法律法规；这些法律法规，可丰富当代政治制度的内容，并有力地保护国民水资源开发、利用、投资等方面的权益，保障人们对资源的所有权和使用权。

5. 水与国民文化福利。水的文化价值日益为人们所认识。据研究，水具有陶冶情操和启迪智慧的教育功能以及重要的审美价值（蒲晓东，张彦德，2009）；显然，对于满足国民情感、求知、审美需要有着重要作用。古人面对水体会到了诸多人生智慧，如“滴水穿石”“上善若水，润万物而不争”“仁者乐山，智者乐水”等。许多文人雅士寄情于山水，找到了自己的情感归属。水对于满足当代人的审美需求和促进人们身心健康也发挥着不可替代的作用。

（二）水资源管理与国民福利的关系

如上所述，水资源有着多方面的福利功能，对国民幸福感有至关重要的影响。当代水资源管理是综合运用多种手段对水资源开发利用过程中以水为核心的各种关系，包括人与水、人与自然、人与人以及水与自然的关系进行管理，以最大限度地发挥水资源对人类福利的作用。水资源管理不仅能够通过提高水资源的环境、社会、经济效益，间接提高人类福利水平，也能够通过水资源管理过程本身增进人类福利。

1. 管理规划、法律制度与国民幸福。广义的水资源管理制度，不仅包括具体的水资源管理细则，还包括相关的政策、法律及地方性法规。这些法律法规以制度的形式明确地规定了人们对水资源的基本需求权及对水环境的保护义务，这显然有利于满足人们基本的生存需求和资源权益安全需要。

2. 水利设施投资建设与国民幸福。防洪抗旱水利设施的建设，有利于人们抵制洪涝、干旱等自然灾害，保护人们生命财产安全，满足人们生存与安全的需要。完善的供水设施以及污水处理水利设备，有利于满足人们对清洁的生产、生活用水的需要。节水工程建设，有利于提高单方水的产出效益，直接或间接增加国民收入，满足人们基本物质生活需要，同时，水利设施的投资还能够增加就业机会，有利于人们自我价值的实现。

3. 参与式管理体制及其能力建设与国民幸福。建立相关利益团体广泛参与的水资源管理体制，特别是建立社区管理组织（如用水户协会），进行水资源管理的决策、实施、监督、协调，不但可以集思广益，提高水资源管理效率，提高国民经济福利，而且可以切实有效地保障广大用水户水资源权益，减少用水纠纷，有利于社会稳定。同时，在人们在参与管理的过程中其诉求和能力得到表达和尊重，满足了人们对尊重和自我价值实现的需要。通过宣传、培训参观等体制能力建设，可以加深广大用水户对水资源的理解，有利于增强人们的节水意识，提高国民素质。管理社团建设有利于人们交流并建立友谊，满足了人们的情感需要。

4. 管理手段与国民幸福。冲突解决机制的建立与运用，促进用水公平，保障人们基本用水需要及社会安定有序，有利于满足人们对生存和安全的需要。水费与水补贴直接影响人们的生活水平，如果水价过高，会增加人们的经济负担，直接影响人们的生活幸福感。技术手段的开发、应用和推广则有利于提高水资源的利用效益，减少人们的经济负担，提高人们的生活水平。

5. 管理信息建设、交流与国民幸福。水资源管理及其评价有利于提高人们对水资源及其管理的认识，通过改善水资源管理，有利于更好地发挥水资源经济、环境、社会效益，给人们带来经济、环境、社会福利。管理信息公开及反馈，有利于满足人们参与需要。

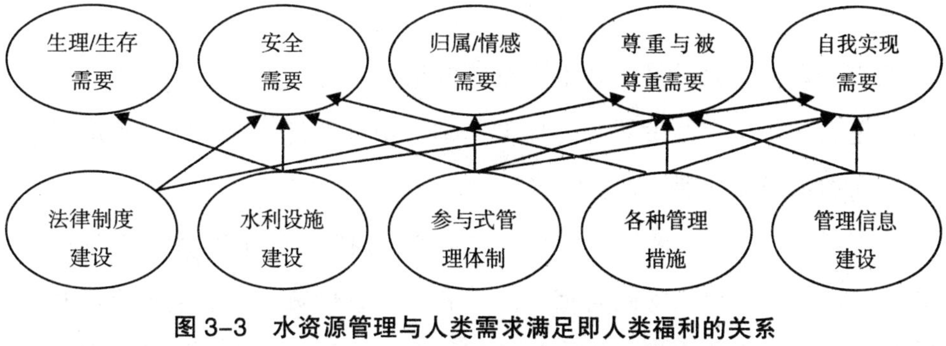

图 3-3　水资源管理与人类需求满足即人类福利的关系

第四节 居民幸福背景下的水资源管理内容及理论框架分析

居民幸福产生于各类国民生存发展需要的满足，国民幸福感是对各类国民需要满足情况持续而综合的主观反映。水资源及其开发、利用、管理可从多方面满足人们的生存发展需要并增强人们的幸福感。居民幸福导向的水资源管理的实质是，通过对水环境及其利用与国民福利关系的正向管理，最大限度地促进国民幸福水平的提高。

一、居民幸福背景下的水资源管理基本内容分析

根据水资源管理与国民幸福之间的关系（图 3–4），可以建立幸福导向的水资源管理框架。以水资源与人类福利关系为纽带，幸福导向的水资源管理框架包含如下相互联系的五个方面。

（一）水资源的自然福利管理

水既是自然界的破坏力量，也是维持良好的自然生态环境及其存续的重要建设性因素。水资源的自然福利管理即是遏止水的破坏力量，同时发挥水资源维持生态环境存续发展的功能，为人类生存发展营造良好自然生态环境。人类是地球生态系统的组成部分，地球生态系统的存续发展是人类系统存续发展的前提与基础，水资源自然福利的管理应是幸福导向的水资源管理的首要内容。

水资源自然福利的管理应至少包括如下内容：① 应对水资源极端变化，即洪涝和干旱灾害的管理。洪涝和干旱直接威胁自然生态环境和人类生命财产安全。在漫长的人类发展早期，水旱灾害成为威胁生态和人

类生产生活的最为突出的水资源问题。即使在经济、科技高度发达的今天，人类生存发展仍未完全摆脱也不可能摆脱洪涝、干旱灾害的困扰。传统水旱灾害管理主要采取工程措施，以减少对人类社会经济系统的直接威胁，如修建水库、水渠、堤坝，跨流域调水等。实际上，应对干旱、洪涝灾害，更应是一种综合系统管理，包括“预报—预防—减灾—灾后重建”等多方面相互联系的环节，并将生态环境保护纳入其中。② 在人口快速增长、经济规模过度膨胀的今天，生态环境可持续性面临着两个来自人类的水资源需求方面的威胁：以是人类生产生活用水挤占生态需水，二是人类排放的污水对生态需水水质的污染。这两种威胁分别在干旱区和工业发达区表现得非常明显。因此，自然生态系统需水的水量和水质管理是当代社会经济发展背景下催生的水资源自然福利管理的新课题。

对幸福导向下的生态需水水量的管理关键在于如何在生态环境与人类社会之间更好地配置有限的水资源，以最大限度地提高国民幸福水平。幸福导向下的生态需水水质管理关键在于制定科学的污水排放标准。

（二）水资源的经济福利管理

水资源是人类基本的生产和生活资料。水资源的经济福利管理的根本目的，是使有限的水资源最大限度地满足人类基本的物质生活需要，并提高水资源的产出效益。在当前市场经济条件下，水资源管理对人类经济福利的贡献还主要表现增加人们收入和投资就业机会。因此，水资源的经济福利管理应包括如下内容：① 生活用水水质管理及供水管理。水是生活必需品，国民生活用水水质及水量供应必须得到保证。幸福导向下的水质管理的关键是以保证国民用水质安全为目标，包括生活用水水质安全规划、监测、评价、污染源治理与水质改造工作（姜文来，2006）。生活供水管理应保证取水的便捷性和持续性，生活用水供给工

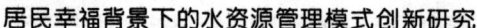

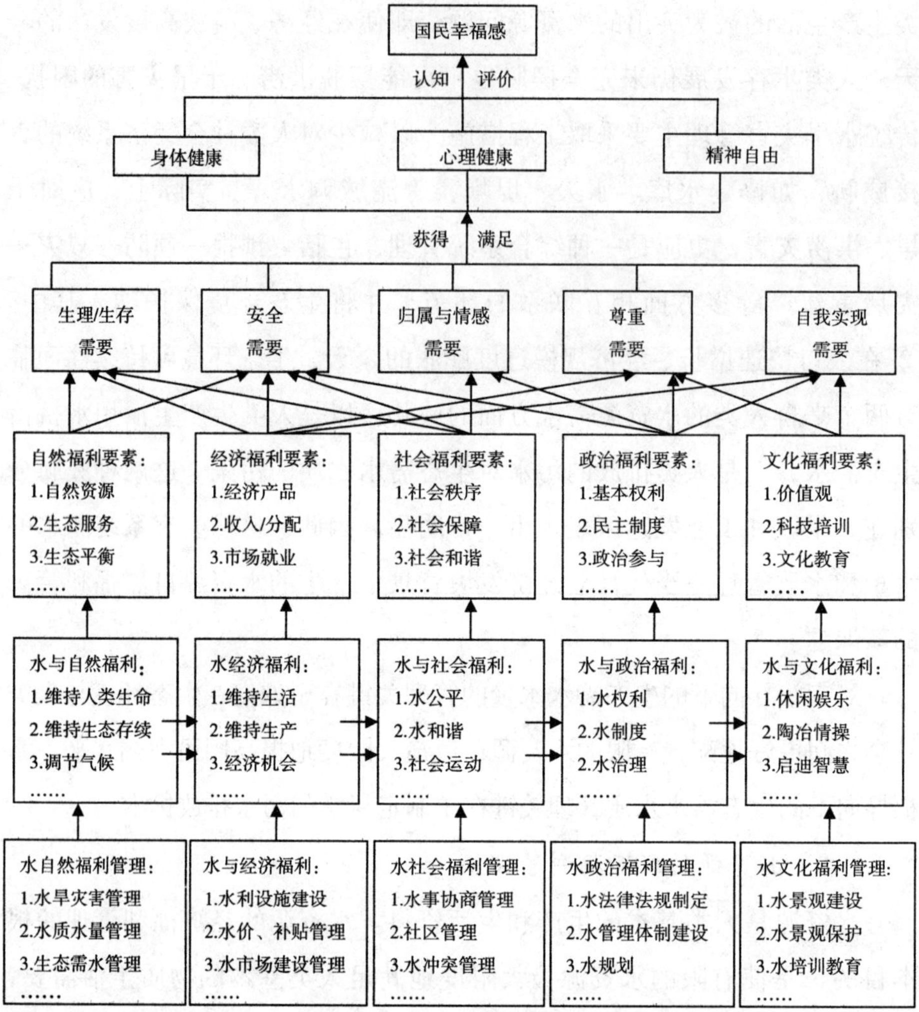

图 3-4　“水资源—水资源管理—国民幸福”的关系

程建设是其关键，如实施自来水入户工程等。② 生产用水的水质管理及供水管理。由于农业生产的基础性，农业用水水质管理及供给管理应是其重点。其中，水质管理主要是强化水源地污水监测与治理；供水管理主要是水渠修建与维护。当前，无论是生活用水，还是生产用水，都有水价制订与水费收缴问题。鉴于水资源的公益性和必需性，水价不能超过当地居民的经济和心理承受能力，否则就会影响用水户幸福水平，需要由政府以补贴形式加以调整。这包括两种方式：一是补贴供水单位，使其降低水价；二是补贴用水户，以提高其购买能力。③用水效率管理。水资源是稀缺资源，为最大限度地提高单方水的产出率，满足人们的物质生活需要，必须对用水效率或效益进行管理，包括采用节水技术、调整产业结构、改良作物品种、运用市场手段等。在水资源使用、水质治理、水量供应中引入市场化手段，一方面可以优化水资源配置，提高水资源的供给能力，另一方面也能吸引更多的社会投资，增加创业就业机会。

（三）水资源的社会福利管理

作为一种稀缺的公益性资源，必须保证竞争性的不同用水主体之间得到水资源的公平分配，以满足其生活或生产用水需求。为此，建立不同用水主体之间的水资源利益协调机制，如成立多利益相关团体代表广泛参与的各级水资源管理组织、地方或社区水资源管理自治组织、水纠纷调解和仲裁机构等，促进水资源使用的社会公平，维护社会稳定。在此过程中，需要强化相关利益群体的主体地位，赋予其更多的知情权、表达权、管理权和决策权，需要重视对群体（如贫苦、边远地区人口），利益的保护。社区自治管理组织应是基于宣传的自愿参与组建的用水户管理组织，成立后注意相应的制度建设和资金支持。总之，水资源是重要的社会联系的纽带，在水资源的开发利用过程中，上下游间、不同区域间、不同用水部门间密切联系，形成既竞争又合作的关系。水资源管理应注意各类用水群体之间关系协调，促进社会和谐。

（四）水资源的政治福利管理

用水权是国民的一项基本权利，这种权利需要在政策制度方面加以规范和固化。水资源相关的政策、法规、制度的制定，有利于从法律层面保障国民水资源开发、使用权以及在水资源管理中的参与权，包括知情权、表达权、决策权等。水资源的政治制度建设具体内容包括：① 制定统一的水法。为协调各种用水关系，必须建立一套统一而综合性的水法，从而为各种用水、管水主体提供统一的行动规范。② 建立水资源使用和管理的规章和细则。水法的制定具有高度概括性和指导性，水资源管理应根据不同区域群体特色进一步细化管理制度。③ 水资源管理法规的制定与实施必须依赖相应的组织机构。水资源管理政府职能机构体系的设立与能力建设是水资源管理的重要内容。在水资源管理中，政府职能部门应起到政策、规划制定。强制执行及解决争端等作用。此外，政府职能部门还是公众参与的发起者、水资源相关公共事业建设的主要投资者。

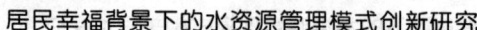

（五）水资源的文化福利管理

在当代水资源开发利用中，水资源的文化价值功能常常被忽视。在水资源管理规划中很少考虑水资源的文化功能及其管理。其实，水资源景观在无形之中对国民愉悦身心、陶冶情操、启迪智慧、树立和谐的人地观发挥着重要作用，因而水资源对国民具有重要的文化福利价值。在幸福导向的水资源管理中，应该注意开发、保护水资源景观的文化价值。具体讲，包括如下几个方面：① 典型水资源景观保护，即对现有的具有重大文化价值的水资源景观进行保护；② 水资源文化价值的发掘，即水资源文化价值功能的认知与再认识；③ 水资源文化价值的宣传、教育，即通过组织与水资源相关的旅游等活动，使水文化得到普及。

二、居民幸福背景下水资源管理内容的相互关联

上述五种水资源的不同福利功能及其管理存在着内在联系，共同形成幸福导向下水资源福利体系与管理体系。水资源自然福利功能是维持水资源经济福利功能的前提，没有良好的生态环境，人类生产生活无法存续。水资源的无可替代的经济功能是产生水资源社会功能的重要原

因，水资源是人们生产、生活的必需品，这必然要求在不同用水主体间公平分配水资源。为了使水资源得到公平分配，保证人们的基本水资源权益，需要适当的政治制度建设和民主参与水管理，这是水资源政治功能产生的原因。而水资源的文化价值和教育功能往往与水资源的基本自然福利功能存在密切关系。

水资源的各种福利功能之间的关系，决定了不同领域幸福导向的水资源管理之间的内在联系。水旱灾害、水质管理既是水资源自然福利管理的内容，也是水资源经济福利管理的内容，共同服务于人们生理需要和安全需要。水旱灾害和水污染既对生态系统造成威胁，也对人们的生产生活造成威胁。因此，对水旱灾害及水污染的防治应是协调一致的，应纳入共同的管理体系之中。而且从人类长远福祉考虑，防治水旱灾害和水质污染，防止生态环境被破坏是尤其值得注意的；因为生态环境一旦遭到破坏就难以恢复，而且直接威胁生产生活用水的可持续性。生态需水管理起因于人类生产生活对水资源的过分挤占，因此其管理的关键在于控制人口与经济规模，提高经济用水效率。可见，水资源经济福利管理直接影响水资源自然福利管理。水资源社会福利管理以用水公平为直接目标，其效果不仅直接影响人们的幸福感（被尊重），而且能使水资源作为基本生产生活资料真正惠及更多的人，从而促进“最大多数人的幸福最大化”目标的实现。水资源政治福利管理产生于对水资源自然福利、经济福利、社会福利管理的规范需要，是对国民水福利的基本保障。水资源自然福利、经济福利、社会福利管理需要法规制度进行规范，确定相应的管理主体和组织，而水资源政治福利的管理则以法律制度形式对其进行规范和约束。

可见，幸福导向的水资源管理是一个复杂的管理系统，各项管理内容相互联系，共同促进人类福利和幸福水平的提高。其中，生态需水量管理、水资源经济效益管理、参与式水资源管理方式，不仅涉及人类福

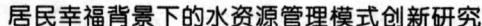

利的多个方面，满足人们多种生存发展需要，而且也是当前可持续集成水资源管理研究关注的重点。

本章小结

第一，基于已有幸福研究，对幸福的内涵进行了重新解释：将幸福定义为人的良好的主客观综合存在或生存发展状态。人拥有的良好的外部客观生存条件可称为福利或福祉，如丰裕的物质生活、和谐人际关系等；良好的内部主观生存状态则称为幸福感。幸福的客观维度，即福利是产生幸福的主观维度即幸福感的物质基础，而幸福感则是福利的主观反映和目的，两者密切相关，对于国民幸福来说不可或缺。

第二，阐释了幸福对人类社会的终极价值和意义：无论从经验事实还是学理逻辑上看，人类所有有意识的行为最终都是对幸福的直接或间接追求，“幸福”对于社会经济发展具有终极价值和意义，而近百年来人类追求的经济增长仅仅是实现国民幸福的手段。国民幸福应是政府决策行为的根本价值取向。

第三，论述了幸福产生的机制：人类生存和多层面的发展需要得到一定程度的持续稳定的满足，这正是幸福产生的内在机制。幸福感是人在生存发展多层面需要动机的支配下，以实践为手段（包括劳动与消费），通过对外在客观条件的主动创造、利用、消费、感知、评价并作用于生理、心理实现的。

第四，明确了水资源及其管理与人类需求存在内在联系。在明确人类生存发展多层面需求与水资源管要素的基础上，分析了人类幸福与水资源及其管理之间的耦合关系，初步构建了幸福导向的水资源管理框架。框架包含了水资源生态福利管理、经济福利管理、政治福利管理与文化福利管理五个模块。

第四章　居民幸福背景下的水资源管理模式研究——以经济福利为例

水资源既是重要的生活资料，又是不可或缺的生产资料，因而具有重要的经济福利功能。在水资源日益稀缺的形势下，为更好地实现人类幸福最大化，需要保证生态用水，以维持具有基础意义的人类自然福利可持续，还要利用有限的水资源，最大限度地增进人类经济福利。幸福导向的水资源经济福利管理，是指通过水价、水费、水补贴及市场机制等手段对水资源开发利用进行管理，以最大限度地发挥水资源的经济福利功能（即满足人类生产、生活的基本物质需要）。显然，随着人口与经济规模的扩大和水资源的日益稀缺，水资源的经济商品属性日渐凸显（GWP，2000），人们再也不能像以往一样无限制地免费使用水资源。无论是为了激励人们节约用水，以提高水资源利用效率和效益，缓解水资源的紧张局势，还是为了收回全部供水成本，以保证水服务投资的可持续性，或者建立水市场，以优化水资源配置，都需要对水资源进行定价和收费。因此，水资源价格管理成为水资源经济福利管理的关键与核心。本章基于福利经济学经济剩余理论方法，将重点探讨幸福导向下的水资源价格管理问题。需要说明的是，由于人们从水资源经济福利中获得的生活满意感，即主观幸福是通过对水资源商品的各类消费获取的，因而这里的幸福（感）与经济学中具有主观意义的效用概念的内涵一致。

第一节　水资源经济福利管理理论基础

经济剩余（Economic surplus）指的是社会经济产出的总效用超出其生产成本的部分，反映了社会经济活动的净经济效益。在福利经济学中，经济剩余由消费者剩余（Consumer's surplus）和生产者剩余（Producer's Surplus）两部分构成，前者指消费者满意度超过总购买价值的部分，后者指生产者收入超过成本的部分（王桂胜，2010）。这些概念最早由法国工程师杜皮特（J. Dupuit，1844）于19世纪中期提出，并用于分析一些公共事业对社会总福利的影响，后由英国经济学家马歇尔（Marshall，1920）引入经济学分析，当前经济剩余概念已经成为福利经济分析的不可或缺的重要工具（Pfouts，1953；王桂胜，2007）。

一、消费者剩余理论

消费者剩余是消费者从市场交易中获得的净效用。一般情况下，消费者购买某商品是为了获得一定的预期效用或满足感，与此同时，根据这一效用大小为商品设定了预期价格[①]，也就是愿意支付的最高价格。实际价格只有在这个预期价格范围内，消费者才愿意购买该商品。因此，当以低于预期价格购买商品后，相对以预期价格购买商品实际上获得了一定的额外效用，即消费者剩余。由此，以货币进行标度，马歇尔（Marshall，1920）将消费者剩余定义为："消费者希望拥有某商品时所愿意支付的金额与实际支付金额之差"。

① 根据经济学原理，商品价格与其边际效用存在内在联系：商品价格由满足消费者最后也是最小欲望那一单位效用决定。

消费者剩余在坐标系中可直观地表示为一曲边三角形。如图 4-1 所示，坐标横轴 OQ_x 表示商品 X 的数量，OA 纵轴表示商品的价格或商品边际效用。曲线 OS 既为商品 X 的需求曲线，也表示其边际效用曲线。A 点表示购买该商品消费者预期最高价格，P' 表示购买一定商品消费者实际支付的价格。消费者在确定购买一定数量的该商品 OQ' 后，由于商品的边际效用是递减的，其购买的最后 1 单位商品之前的每一单位商品边际效用都要大于最后 1 单位该商品的效用，且越靠前的单位商品其边际效用的差值越大。由于消费者是以最后 1 单位的商品效用的定价购买了全部单位的商品，也就是购买每单位商品付出的效用代价均为最后 1 单位商品的效用，因此消费者此次购买活动获得的额外效用，即消费者剩余为前面每一单位商品效用与最后 1 单位商品边际效用之差的累积，即图中曲边三角形 ABP' 的面积。

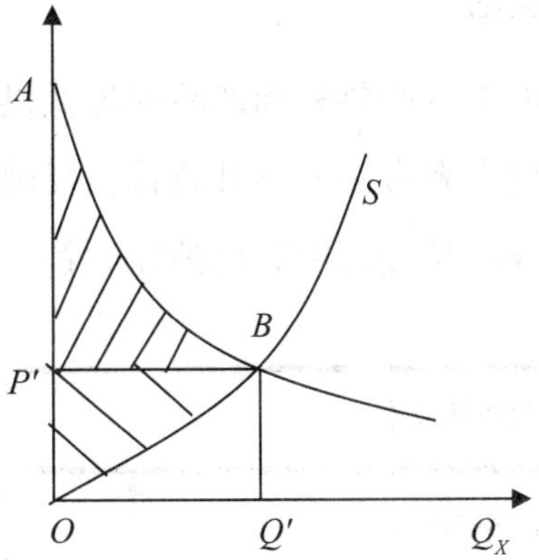

图 4-1　消费者剩余与生产者剩余

消费者剩余也可用货币形式表示。如图 4-2 所示，横轴、纵轴分别为商品 X 的数量与货币收入 Y。AB 表示消费者收入预算线，两条曲线代表消费者无差异曲线。显然 E 点为消费者均衡点，EF 为消费者购买 OC

量的 X 商品实际支付的货币，FD 为购买 OC 量 X 商品消费者愿意支付的货币量，因此 $DE=FD-FE$ 即为消费者剩余的货币表示。

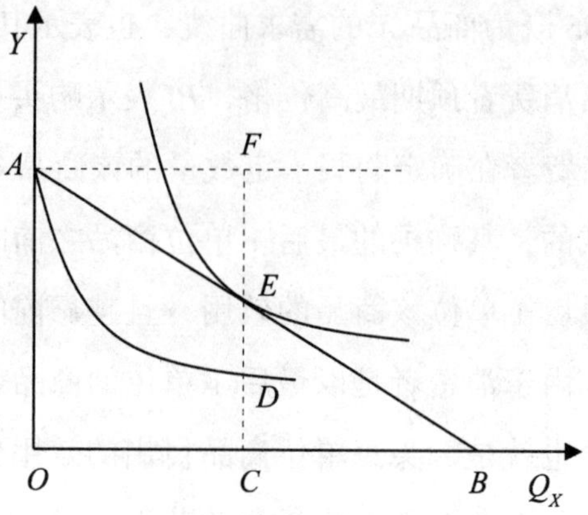

图 4-2　消费者剩余货币表示

二、生产者剩余理论

生产者剩余是指由于生产要素和产品的最低供给价格与当前市场价格之间存在差异而给生产者带来的额外收益，反映的是生产要素所有者或生产者从生产要素或产品交易中获得的净收益。如图 4-1 所示，设定

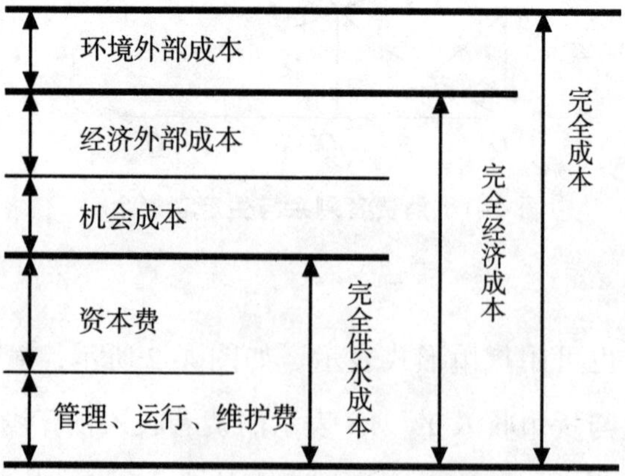

图 4-3　水资源供给完全成本构成

图中横轴、纵轴分别表示商品 X 的供给数量和产品供给价格或边际成本，那么生产者剩余可由曲边三角形 $P'BO$ 的面积表示，其中 OS 表示供给曲线，也是边际供给成本曲线。此时，完全市场经济条件下，B 点也是商品 X 的供需均衡点。

生产者剩余与消费者剩余产生的原因类似。生产者供给产品的量一旦确定，则所有单位产品的售价均按最后 1 单位产品的边际成本确定，而根据边际成本递增律，最后 1 单位产品的供给边际成本要大于在它之前的各单位产品的供给边际成本[①]。这样，由所有销售各单位产品的实际价格 P'（反映生产者或要素提供者经济效用的实际获得）与其边际成本（反映生产者或要素提供者付出的经济效用代价）差额的累积形成生产者剩余。

生产者剩余通常用来衡量厂商在市场供给中所获得的经济福利的大小，并作为社会总经济福利的一部分。生产者剩余的大小取决于多个因素，在供给边际成本一定时，生产者福利的大小就取决于市场价格的高低。如果厂商能够以较高的价格出售产品，厂商的福利就较大。市场价格的提高、原料供给价格或者边际成本的降低会增加生产者剩余（经济福利），否则生产者剩余会降低。如果存在商品过剩，即人们只能以低于正常市场均衡价格销售出部分商品，生产者福利会受损。

---

① 边际成本递增的原因如下：特定产量的成本通常由固定成本与变动成本构成。一般来讲，在一定时期一定产量范围内，由于固定成本不变，单位产品的平均固定成本随着产量的增加呈递减趋势，在可变成本随产量同比例增加时，可能会导致一定程度上单位产品总平均成本降低，即产生所谓的“规模经济效应”。但实际上，由于单位产品可变成本中劳动力成本会随产量增加而递增，使得可变平均成本随产量增加而递增，当其增量超过平均固定成本时，就会使边际总成本上升（黎诣远，2006）。

第二节　水资源经济福利管理特征及原则

对于人类来说，水资源既是基本的生活资料，又是不可或缺的生产投入要素。因而，水资源具有重要的经济福利功能：满足人们基本生存需要，增加人类物质财富和收益，进而为满足人类更高层面的需要奠定物质基础。具体看，水资源的经济福利功能具有如下特征。

一、水资源管理的经济福利特征

（一）水资源的不可或缺性

水资源是人类生产生活最重要的物质基础。水是人体的重要组成部分，又是人体新陈代谢的介质。为维持正常的生理需要，每人每天至少饮用清洁水 2 ～ 3 L。与此同时，水资源也是维持人们日常生活、工农业生产特别是农业生产的重要的不可或缺的物质要素。据估算，居民人均日常生活需水量在 10 L 以上；1t 小麦、玉米、稻米虚拟水的含量分别为 1 000m^3、1 200m^3 与 2 000m^3。此外，水资源还为人类提供航运之便，能源之需。可见，水资源的存在为人类生存发展提供多种经济福利。尽管通过节约用水、提高水的利用效率，人们可以减少对水资源的使用量，但水资源对人类生产、生活的作用无可替代。

（二）水资源的排他性和竞争性

尽管自然界中的水资源具有可再生性，但水资源本身在使用方面具有显著的竞争性和排他性（Herman E. Daly and Joshua Farley，2003）。排他性是指资源因所有权或使用权只允许拥有者使用同时拒绝他人使用的特征。比如，当某人购买了一定数额的水，其他人不经其同意就无法使用这些水。当前，基于对水资源稀缺的认识，世界大部分国家都对水资源的所有权及其衍生的权利进行了明确规定。如我国的《水法》明确规定，水资源属于国家所有，并由国务院代表国家拥有，而集体经济组织的水塘和由集体修建管理的水库中的水，则归集体经济组织所有并使用。竞争性是指资源因某人的使用而减少了其他人可使用数量的特征，由资源本身的内在性质决定。如流域上游居民过多地利用了水资源，必然会造成流域下游可利用水资源减少。今后，随着水资源的日益稀缺、水权制度的建立和不断完善，水资源的排他性会更加显著。水资源的排他性和竞争性是造成当前用水矛盾突出的重要原因。

（三）水资源的稀缺性

水资源的稀缺性是个相对概念，是指现有可利用水资源相对于人们的需求而显得不足。关于资源稀缺产生的原因存在两种观点。传统观点或自然科学领域倾向于将资源稀缺归咎于自然，认为自然界特定时空提供的资源量绝对量有限，如特定流域一年内或一个循环周期，水资源再生的资源量有限，因而解决水稀缺的关键是“开源”，即通过技术、工程手段开辟更多的水源。人文科学领域则将资源稀缺主要归因于人，认为造成特定背景下资源相对稀缺的关键是人的能力，既人力资源的稀缺[①]（陈惠雄，2006）。特定历史阶段水资源的相对稀缺归根结底是人们合理开发利用水资源的能力或管控自身活动的能力不足造成的。因此，当代水资源管理强调通过包括优化水资源配置在内的需求管理，解决水资源稀缺问题。

无论原因如何，当前水资源稀缺，即可利用水资源日益无法满足人们的需要，确实是人类不得不面临的一个严峻事实。地球上虽然淡水丰

① 这里的人力资源不同于传统经济学、管理学中的含义，是指人类认识、开发利用和改善自然以及认识、管控自己的能力（陈惠雄，2006）。

富，但绝大部分是难以开发利用的冰川或积雪，在当前技术水平下，真正可供人类利用的只占淡水总储量的0.34%。当前，世界三分之一的人口生活在中度到高度缺水的状态，预计随着人口增加，这一比例到2050年将增至2/3。此外，未来25年为满足新生人口的粮食需求，耗水巨大的灌溉需水全球将增加15%～20%，这将进一步加剧全球水资源稀缺（全球水伙伴，2000）。

（四）水资源日渐突出的经济商品属性

水资源经济商品属性由水资源的有用性、排他性、竞争性、稀缺性衍生而来。水资源的有用性和稀缺性决定了水资源具有价值，进而使水资源具有了商品属性。当水资源变得日益稀缺后，人们不得不从更经济的角度考虑水资源的开发利用，即考虑经济活动中水资源的成本问题，水资源的价值由此产生（姜文来，2005）。水资源价值是指在利用水资源进行生活、生产过程中所必须考虑的水资源自身成本（姜文来，2005）。水资源的排他性和竞争性使水资源作为商品进行市场交易成为可能。当前，水资源供给成本主要包括完全经济成本和与公众健康和生态系统维护有关的外部成本，如图4–3所示。其中，完全经济成本由如下几个部分组成：完全供水成本（包括资源管理、设施运行和维护费、资本利息）、供水替代方案的机会成本；受到间接影响的行业改变经济活动而引起的经济外部成本（GWP，2000）。

（五）水资源基本需求的弱弹性特征

水资源用途广泛，可分为基本用途、重要用途和非基本用途。不同用途需求的价格弹性不同。如图4–4所示，当用于基本用途时，水资源是不可替代的必需品，其需求相对于价格变化缺乏弹性；当水资源用于饮用或日常生活时，无论水价多高，人们都不得不去购买；当水资源用于其他重要用途时，如工农业生产，需求弹性也比较小。但如果水资源用于非基本或非重要用途时，如洗车和洗浴等，则水资源需求价格弹性较大。

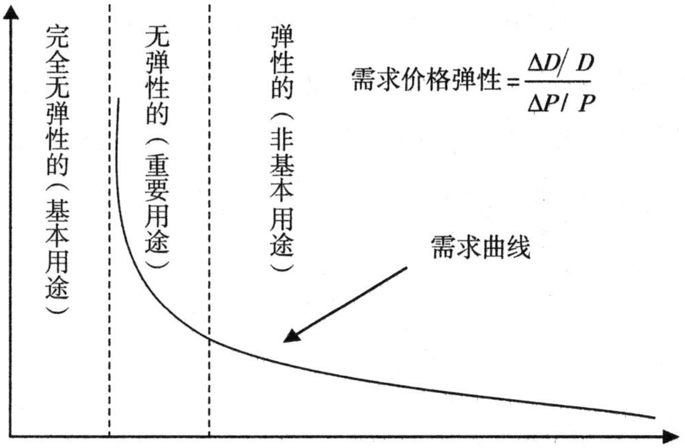

图 4-4　水资源需求价格弹性特征

（六）水资源供给强大的垄断性

水资源供给的垄断性是由水资源供给投资特征决定的。水资源供给设备设施建设投资规模大，沉没成本比重高。因此，供水服务通常由政府或资金实力雄厚的经济实体提供。所以，特定区域不可能存在多个供水企业，供水服务具有强垄断性。由于供水的垄断性，加之水资源基本需求的弱弹性，有可能导致用水者利益受到损害，因此需要对供水者进行政府管制，强制其向公众提供价格适宜优质足量的水资源。

二、水资源经济福利管理的原则

水资源经济福利的特征决定了水资源经济福利管理的原则。

第一，水资源对人类生存发展的不可或缺性，决定了水资源经济福利管理必须优先考虑满足人们对基本生产生活用水的需求。水资源对人类不可替代的经济福利意义，决定了享有水资源的使用权是人们最基本的权益。作为公众利益代表，政府必须保证人们有能力获得基本的生存用水。

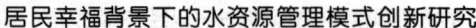

如政府控制供水或水价，保证公众能够用得上足量优质的水资源。

第二，保证供水部门可持续生存。水资源供给必须以供水部门一定的水利基础设施建设、维护、更新为前提。为保证公众基本用水得到持续供应，必须维持供水部门的可持续存在。为此，在水资源经济福利管理中，应通过收费或补贴等措施至少回收完全供水成本。

第三，提高水资源利用效率。水资源的有用性及日益稀缺性决定了水资源福利管理要有利于促进水资源利用效率的提高。如推广节水技术，普及节水措施；制定合理的水价收取水费，激励公众节水；适当引入市场机制，使水资源流向高效率部门。

第四，水资源价格弹性特征及垄断性决定了水资源供给的非完全市场性。对于基本需水和重要用水价格，必须进行严格的政府管控；而对于非基本用水，则可引入市场机制，建立水市场，通过供求关系确定水资源的价格和用途。

可见，在水资源经济福利的管理中，对水资源价格的管理是其核心内容。无论是控制基本用水水价，以保证公众基本生活用水，还是收取合理的水费，保证供水部门的可持续生存，并激励公众节约用水，或者建立水市场，优化水资源配置，提高用水效率，都与水价的管理有关。

第三节 水资源经济福利管理中经济剩余分析

以幸福为导向的水资源价格管理应是，通过价格的调控促进水资源经济剩余，即水资源经济福利的最大化。根据水资源经济福利特征及其管理的一般原则，水资源价格管理在于实现和协调三大具体目标：满足公众对水资源的正常需要，维持或提高公众的经济福利水平；收取水费，激励用水户节约水资源，以提高用水效率；回收供水成本，以维持供水单位生存及水利工程的正常运转。其中，满足公众对水资源的正常需要，以维持人们的经济福利水平，是水资源价格管理的首要目标，后两个目标最终均服务于这一目标。因为节约水资源最终是为了应对水资源日益稀缺对人类水经济福利的威胁，回收成本是为了保证水资源供给的可持续性。尽管如此，收取水费和回收供水成本必然会在一定程度上影响现期国民经济福利水平和主观幸福感，因而水资源价格管理需要协调好这一矛盾。

一、回收完全供水成本时水资源经济剩余分析

以国民幸福为导向，为最大限度地发挥水资源对广大公众的经济福利功能，在理想状态下政府应向公众免费足额地提供水资源。此时，人们获得的水资源消费者剩余如图 4-5 阴影部分所示，生产者剩余为 0，总经济剩余等于消费者剩余。

但在水资源日益稀缺的情况下，为鼓励节约用水并回收供水成本以维持供水企业正常运转，往往需要对水资源进行定价收费。为维持供水企业正常运转，水价格至少应为收回完全供水成本价格 P_0。此时，消费

者剩余为水资源边际效用曲线以下线段 P_0E 以上图形面积，生产者剩余为三角形 P_0OE 的面积，总经济剩余为两者面积之和（图 4-6 所示）。比较图 4-5 与 4-6 不难发现，在水资源供给量不变的情况下，与免费足量供给相比，大于零水价情形下的水资源交易，尽管可以增加生产者剩

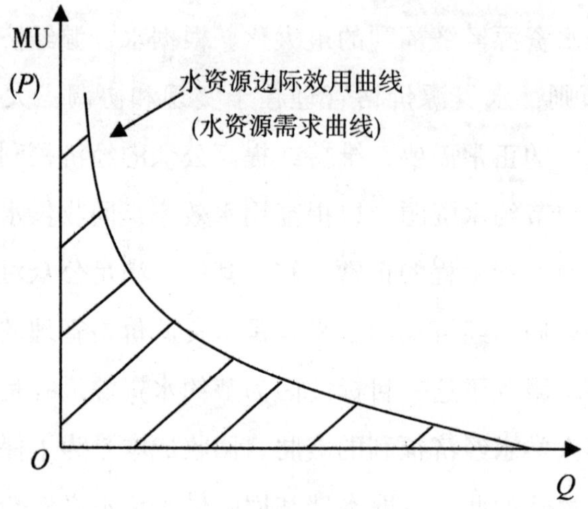

图 4-5　免费足量供给下的消费者剩余

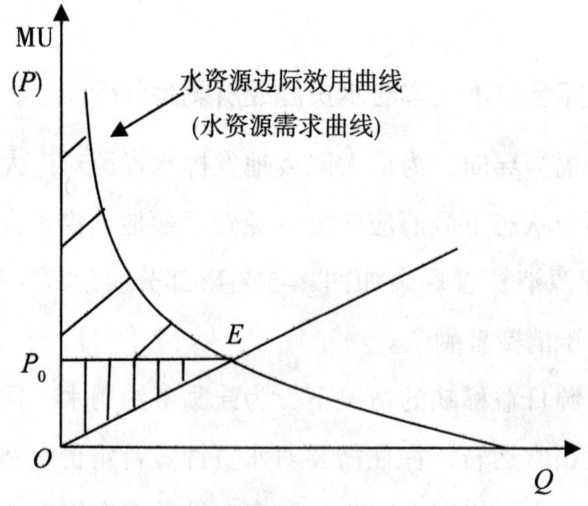

图 4-6　回收供水成本下消费者剩余

余，但会减少水资源的消费者剩余与经济剩余，即水资源总社会福利；且价格越高，消费者剩余与经济剩余就越少，水资源在免费足量供应时其产生的社会总经济剩余或福利最大。

二、水补贴政策下的水资源经济剩余分析

在回收供水成本收取水费的情况下，为不降低或尽量少减少消费者经济剩余，通常采取水补贴政策。水补贴一般有两种方式：一是补贴供水者，使其降低水价；二是在现有水价下，补贴用水者，以提高其水资源购买力。如图 4–7 所示，在补贴供水者情况下，水价由 P_0 下降到 P_S，消费者增加曲边梯形 $P_0E_0E_SP_S$ 面积的消费者剩余，总经济剩余（总社会福利）增加曲边三角形 OE_0E_S 的面积。如图 4–8 所示，在补贴用水户时，增加纵轴与两条需求曲线以及线段 E_0E_S 所围面积的消费者剩余，生产者剩余增加三角形 OE_0E_s 面积的量，增加的经济剩余为两者相加。值得注意的是，由于水价偏低，补贴生产者可能会削弱水价对消费者节约水资源的激励作用，导致水资源消费总量增加。在补贴消费者时，虽然用水

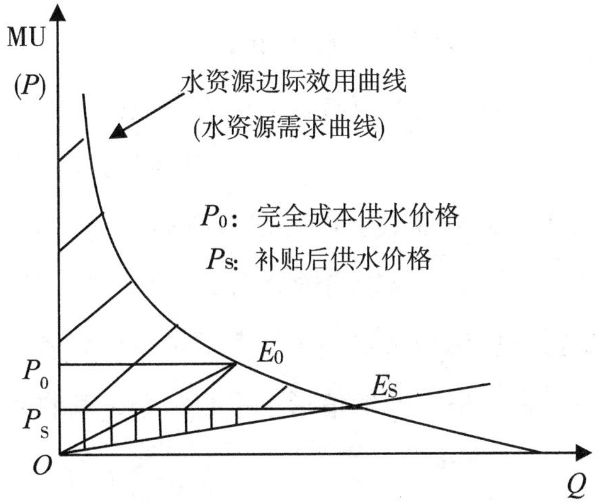

图 4–7　补贴供水者时消费者剩余

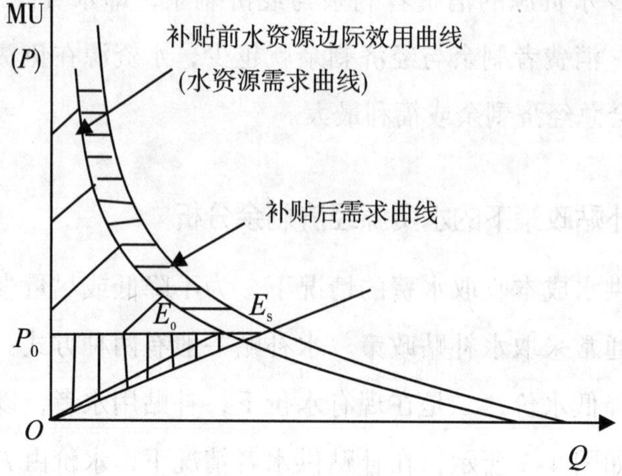

图 4-8　补贴用水者时消费者剩余

者购买力提高，但由于供水价格仍然较高，用水户会采取节水措施，从而减少用水量，并可能会在将补贴花费在满足基本用水需求的基础上，考虑将补贴用在消费其他商品方面。

根据福利经济学家希克斯价格变动下福利测量方法（希克斯，1953），可对水资源价格上涨情况下消费者补偿额进行分析求解。如图4-9 所示，横轴与纵轴分别表示水资源量与用水户收入，*AB*，*AF* 分别为用水户初始收入预算线与水资源价格上升后收入预算线（为集中讨论一种商品情形，这里将货币收入也视为一种商品，其价格恒为 1）。两曲线为用水户效用无差异曲线，*E* 和 *E'* 分别表示消费者均衡点。那么，过点 *E'* 作 *AF* 的平行线，与纵轴横轴分别交于 *C*，*D*，则 *AC* 即为水资源价格上涨后为保持消费者经济福利不变需要给予消费者的补贴额。这是因为获得补贴后，在价格上升的情形下进行消费，其收入预算线斜率应同于 *AF*。

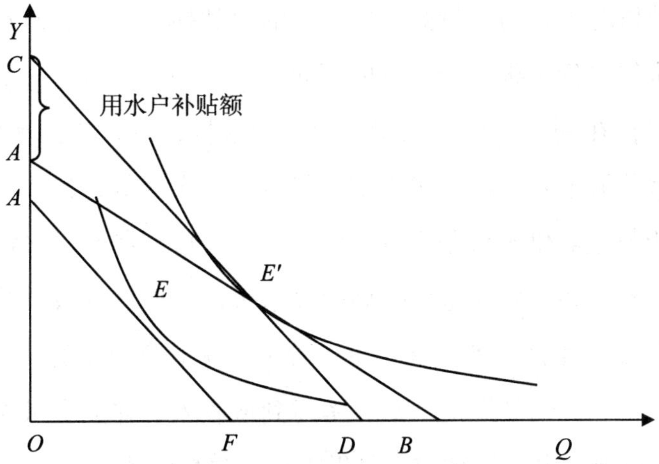

图 4-9　水价上升情况下消费者福利不变时用水户水补贴额

三、单一水价与阶梯水价下水资源经济剩余分析

为激励用水户节约水资源，减少用水量，政府通常会采取在收回供水成本价格基础上大幅提高水价的措施，此时用水户消费者剩余会大幅减少。如图 4-10 所示，水价由 P_0 提高到 P_2，用水户消费者剩余减少曲边梯形 $P_2E_2E_0P_0$ 所示面积。

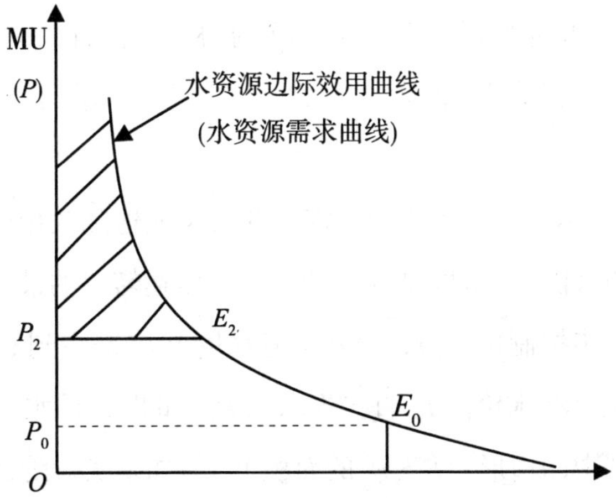

图 4-10　单一水价下消费者剩余

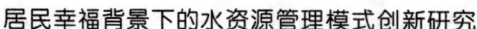

在这种情况下，为尽量减少用水户的福利损失，政府通常会采取阶梯水价。阶梯水价是根据用水量的不同，在每一个分段有一个对应的价格，单位水价在同一分段内保持不变，用水量越高，单位水价也越高。采用阶梯水价调节水资源需求有如下优点（刘宇峰等，2007）：① 阶梯式水价制能与定额供水机制更好地配套，政府可在各类用水定额范围内设定较低水价，超出定额范围实施较高水价，从而达到鼓励节约用水和控制总用水量的目的。② 阶梯水价各阶水价从低廉到昂贵，避免了单一计量水价涨价“一刀切”的缺点；考虑到低收入群体的支付能力，通过政府补贴和强制高收入群体交叉补贴低收入群体用水来倡导公正。③ 在阶梯式水价下，如果用水户消耗水量超过一定的数量，必须支付高额的边际成本。如果用水户不愿支付高价，必将节约用水、杜绝浪费。采用这种分段定价结构，能够在一定程度上遏制水资源浪费及水资源低效利用现象，有利于水资源充分利用及有效保护。④ 高额的边际成本将有助于供水单位获取资金，用于管道改造、技术更新，为水资源的开发以及水污染的治理注入可靠的资金流。同时，有利于水管单位提高供水质量，改善供水环境，满足用水户对水量和水质的需求。可见，采用阶梯式水价更有利于水价管理三个基本目标的协调。因此，阶梯水价制度是我国进行水资源价格管理的重要方式。图 4–11 所示为阶梯式水价下消费者剩余。

如图 4–11 所示，曲线为水资源需求曲线（或边际效用曲线），P_0 为回收供给成本时的水价，亦即能保证供水企业正常运转时的最低供水价格。现在，政府为进一步控制用水量，使社会需水量由 Q' 减少到 Q_2，可采用一刀切单一价格政策，将水价由 P_0 直接提高到 P_2。此时，用水户消费者剩余将会大大减少（图中四边形 $P_2E_2E_0P_0$ 的面积）。但如果实行阶梯水价：在规定时间内，用水者购买定额水量 Q_0 范围内水量满足基本需求时，实施最低水

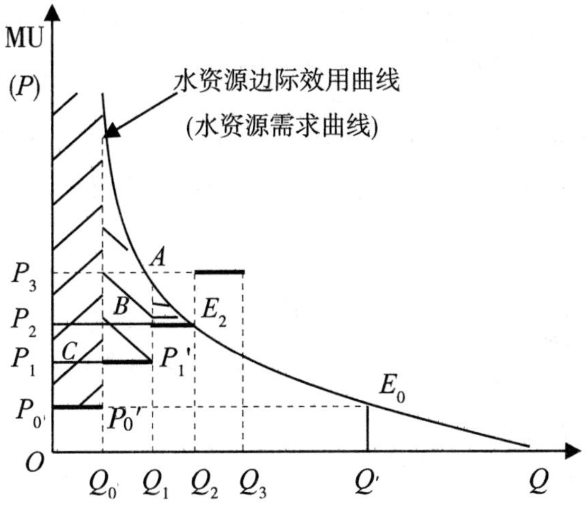

图 4-11　阶梯水价情形下消费者剩余

价，即回收供水成本时水价；购买量超过定额 Q_0，购买 Q_0 至 Q_1 范围内水量用于较重要需求时，超出部分实施 P_1 水价；购买量超过 Q_1 而不超过 Q_2 时，超出量实施水价 P_2；当购买量超过 Q_2 而不超过 Q_3 时，实施水价 P_3；依此类推。显然，当购买量超过 Q_2 时，由于水价已经超过购买者的期望最高价格，购买实际上不可能发生，理论上总需水量被限定在 Q_2 水平上。根据消费者剩余概念，前三级阶梯水价下，用水者获得的消费者剩余将分别为水资源需求曲线以下，线段 P_0P_0'，CP_1'，BE_2 以上的面积。相对于直接提高水价到 P_2，用水户可多获得 $P_2BP_1'\ CP_0'\ P_0$ 面积的消费者剩余。可见，为控制用水，与直接提高水价措施相比，采用阶梯水价更有利于减少对用水户消费者经济福利的损失。

四、完全市场条件下水资源经济剩余分析

在完全市场机制调控下，水价完全由供求关系决定。如图 4-12 所示，E 为在完全市场条件下，水资源供需均衡点，实际交易价为供需均衡时的价

格 P_e，且通常会高于完全供水成本价 P_0。此时，消费者剩余如图 4–12（a）与 4–12（b）中三角形 P_eEP 面积所示，生产者剩余为图 4–12（a）与 4–12（b）中三角形 P_eEO 面积所示。由于水资源的不可替代性特征和经济福利功能，进入市场完全由市场机制定价的水资源通常是那些超出人们生活、生产基本

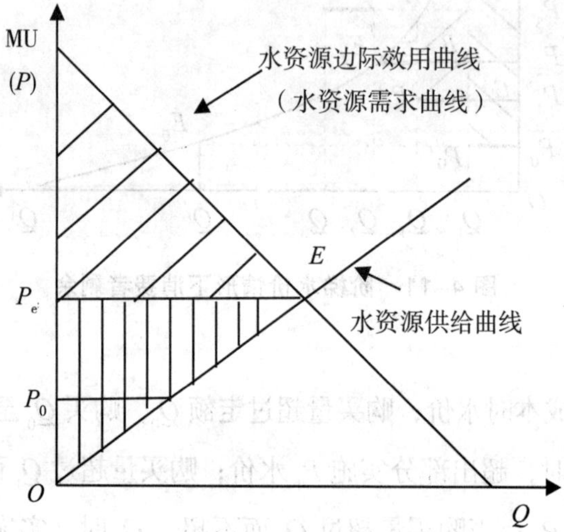

（a）

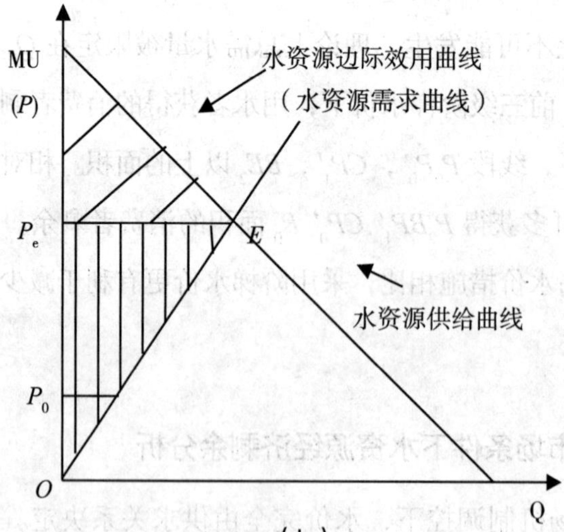

（b）

图 4–12　完全市场条件下经济剩余

需求的量。因而，市场条件下的水资源需求具有较大的价格弹性。此时，水资源交易的消费者剩余与生产者剩余具体大小取决于供需双方的市场博弈。但无论如何，如果比较图 4–12（a）与图 4–12（b），可知水价过高将不利于社会总体福利的提高。

本章小结

第一，分析了水资源经济福利的特征：对人类生存发展的基础性与不可替代性、使用时的竞争性和排他性、稀缺性、日益突出的商品属性以及基本需求的弱价格弹性。基于水资源的经济福利特征，提出了水资源经济福利管理的原则：满足国民水资源基本需求；至少回收完全供水成本；激励节水，提高水资源的利用效率；等等。其中，满足国民水资源基本需要是最重要、最核心的原则。

第二，就经济福利功能看，水资源对人类幸福的贡献与一般商品一致，即作为消费品通过消费给人以某种满足感，亦即经济学上的具有主观意义效用。基于这种认识，运用福利经济学剩余经济概念原理，分析了不同水资源价格管理政策下的水资源经济剩余，即人们从水资源交易中获得的净效用。

第三，研究认为：① 实施水资源免费足量供应时，水资源的经济剩余，即社会净效用最大，任何高于零价格的水资源供应都会削减水资源经济剩余，即水资源对人类的净效用；② 供水价格提高，生产者剩余增加，但消费者剩余与经济剩余都会减少；③ 在提高水价以回收供水成本时，为补偿消费者经济福利损失，补贴用水户优于补贴供水者，前者同时有利于激励节水；④ 在提高水价以激励用水户节约用水、提高用水效率时，采用阶梯水价制优于单一水价制。因为这在激励节水的同时，可在一定程度上减少因提价产生的消费者剩余损失。

第五章　居民幸福背景下的水资源管理模式研究——以社会福利为例

基于居民幸福背景下的水资源管理模式的探究，应当从社会层面宏观把控。随着利益诉求日趋多样化，面临的社会问题包括环境问题更加复杂。单靠政府力量难以解决，需要相关利益群体的广泛参与，形成政府主导下的政府机构、非政府组织、公众团体及企业单位的共同治理格局。水资源是一种基础自然资源，为人类生产生活普遍使用，水资源与水环境及其管理涉及每个社会成员利益，水资源管理和水环境问题的解决需要更需社会公众的广泛参与。应当高度重视社会层面的水资源管理，应从全局和战略高度深刻认识加强水资源管理的重大意义，牢固树立危机意识，切实增强责任意识，树立人与自然和谐相处的理念，坚持人水相亲、人水两利，科学开发利用的原则，扎实做好水资源管理工作，推动经济社会全面协调可持续发展。

第一节　水资源社会福利管理理论基础

一、可持续发展理论

可持续发展理论是人类对人与自然关系认识的新的理论，包括三个方面的内涵在人与资源方面保持资源永续利用在人与环境方面建立生态文明在经济与社会方面提高生活质量。这三个方面互为条件，相互影响。保持资源的永续利用能促进生态文明的建立，而生态文明的建立又反过来保护了自然资源，使自然资源更好地永续利用。以上两者最终促进了生活质量的提高，而生活质量的提高意味着包括生产力在内的各方面能力的提高，意味着人们更有能力维护生态平衡，更有能力保证资源的永续利用。这正是节水型社会的基本特征。在可持续发展的理念下，水是不可替代的一种资源，人类既要保证水资源开发利用的连续性和持久性，又要使水资源的开发利用尽量满足社会与经济不断发展的要求，两者必须密切结合。自20世纪90年代以来，由于社会经济的飞速发展，水资源形势越来越严峻，为此关于水资源可持续利用的研究日益引起人们的重视。

二、水资源承载力理论

资源的有效极限性规律和生态的可持续性法则要求水资源开发利用和排污不能超过水资源承载能力和水环境承载能力。一个地区、流域具有客观存在的水资源承载能力和水环境承载能力，在水质型缺水地区建设节水型社会，必须要根据水资源与水环境的承载能力，确定水资源宏观控制指标和微观定额指标，明确各地区、各行业、各部门乃至各单位的水资源使用权指标。

三、系统理论

水质型缺水地区的节水型社会是由社会经济、生态环境和水资源各子系统组成，它们之间既相互联系，又相互制约。水资源社会经济系统理论是节水型社会建设的基础，应将水资源作为其中的一员，从水资源系统一生态环境系统一社会系统一经济系统祸合机理上，综合考虑水资源对地区人口、资源、环境和经济协调发展的支撑能力。因此，系统理论为水质型缺水地区节水型社会建设的各方面提供了坚实的系统学依据。较多学者结合理论探讨和实证分析开展相关研究。田峰巍用非平衡系统理论中的有关基本概念，讨论了水资源系统是耗散系统、水资源系统存在分形分雏现象、径流时间序列的吸引子等问题。畅建霞以水资源量作为序参量，来描述水资源系统的有序性和演化方向。依据协同学理论、水资源系统要维持有序就要求经济、社会、生态子系统相互协调，系统序参量之间相互协同。应用耗散结构理论和灰色系统理论，以序参量为基础，建立了基于灰关联熵的水资源系统演化方向的判别模型，为水资源系统分析提供了新方法，并将该模型应用于黄河流域水资源系统的演化评价，为实施临界调控提供了依据。陈守煌给出水资源系统可持续发展的状态方程运用协同学原理，根据水资源系统自然与社会的双重属性，从水资源系统可持续发展状态方程出发，提出世纪我国沿海缺水地区水资源开发利用的河海协同原理。李亚伟从系统科学的观点看，认为水资源系统可持续发展的实现，就是水资源－生态环境－社会经济系统可持续发展结构功能不断完善的体现。只有水资源系统中生态环境、社会经济结构合理，才能取得功能的整体最优；只有系统有序稳定地演变，才能取得系统可持续发展的完善实现。安永会在介绍系统理论和频率分析法的基础上，对陕西省神木县考考赖沟水源地水资源进行了评价。终春生阐述了水资源系统界壳理论的基本概念和构成，并分析了水资源系统界壳理论在水资源系统中应用的前景。研究认为，水资源系统界壳的卫护与交换作用是双重的，且与水资源的保护、开发、利用及优化配置调控功能是一致的，给出了对水资源进行保护、开发和利用的综合优化调控的数学模型。

四、水循环理论

水资源是由自然界的水循环产生的，水循环的演变规律对区域水资源的构成、分布、特性、数量与质量有极其重要的影响，而水质型缺水地区的节水型社会建设直接与该区域可利用的水资源量与质有关。因此，水循环的路径、区域或流域水文特性是节水型社会的重要研究内容。国际上关于水循环理论的焦点有社会经济系统水循环量的估算、“自然—人工”二元水循环模式、土地覆被和土地利用变化对水循环的影响、水资源开发利用对生态环境的影响机理。研究思路为利用野外观测、试验和模型等手段和方法，建立自然水循环与人工水循环的祸合机理和模型，研究社会经济水循环对整体水循环影响的机理，研究社会经济水循环影响整体水循环的数量和速度，模拟土地利用对产汇流、物质输送的影响，用区域气候模拟模型研究大面积土地覆被变化对降水的影响。国际地圈生物圈计划、联合国教科文组织的国际水文计划及其子计划水文循环的生物方面、世界气象组织的水文水资源计划均包括人类活动对水循环影响方面的内容。世界水理事会采用全球模拟方法，对社会经济系统水循环量即生活用水、工业用水和农业用水进行了评估和预测，国内较多学者对水循环理论在水资源开发利用的应用研究方面进行了相关探讨。王秀艳通过对城市水循环途径及人类对自然界水循环影响因素分析，确定城市水资源优先开发、利用次序，提出城市水资源形成良性循环的必要条件。陈庆秋在剖析目前水资源管理定义之缺陷的基础上，引入社会水循环概念，提出了水资源管理的定义，并依据社会水循环的概念框架，简要阐述了水资源管理的主要内容。马智杰在区域良胜水循环理论研究的基础上，选择北京市怀柔应急水源地进行示范，完成了节水、办公楼及路面的雨水收集和利用系统，中水处理及回用系统，绿地灌溉系统的集成应用，提出了小区域水资源高效利用、零排放的良性循环模式。李文清针对形成水资源紧缺的一个重要因素“水循环”，阐述水污染的形成过程和水循环的关系，找出水体污染的根源，并提出了相应的建议和保护措施。王浩提出了水资源全口径层次化动态评价方法，在手段上，构建了由分布式水循环模拟模型与集总式水资源调配模型祸合而成的二元水资源评价模型，并将下垫面变化和人工取用水作为模型变量以实现动态评价。钱春健从社会水循环的概念入手，提出了社会水循环的概念模型及整体示意，结合苏州市水资源开发利用的途径，提出了水资源保护的方法，为整体保护我国的水资源提供了参考。

第二节 水资源社会福利管理之节水型社会的构建

一、节水型社会的内涵

节水型社会建设是在科学发展观指导下解决水资源紧缺问题的一场革命。通过在微观上提高水的使用效率中、观上提高水的使用效益、宏观上提高可持续利用能力，实现文明的生产方式和消费方式，保障用水安全。为社会的和谐发展和人的全面发展提供水资源支撑。

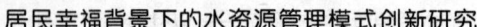

由于自然条件不同，水资源短缺现象在不同区域表现出明显的特点。大致分为北方水量型缺地区和南方水质型缺水地区。水量型缺水地区是指当地水资源总量少，不能适应经济发展的需要，形成供水紧张的区域，如京津华北地区、西北地区、辽河流域、辽东半岛、胶东半岛等地区。水质型缺水地区是指因水源的水质达不到国家规定的饮用水水质标准而造成的缺水区域，该地区水资源污染加重了水资源短缺的矛盾，如长江三角洲、珠江三角洲。但是，根据上海市水务局组织的历时两年的详细调查，目前本市陆域水系已经没有类水，类水和类水也仅占陆域水系的1%；而低于饮用水水源水质标准的类水、水却占30.4%，其余的水更劣于类水。据此计算，全市人均可利用的饮用水源为1000多立方米，仅为全国人均的一半，是一个典型的水质型缺水城市。

水量型缺水地区主要是以严格总量控制制度下的用水权层层分解为主的制度建设，加大产业调整力度，实行以供定需，大幅度提高水资源费，强化排污许可制度。

在水质型缺水地区，节水型社会是在多利益方共同参与下，建立健全的水资源管理体制，优化水资源配置，完善市场机制，形成政府调控、市场引导、公众参与的节水机制，实现社会生产方式和生活方式的根本变革，符合区域生态完整性，以达到资源、经济、社会、生态环境的协调发展。

节水型社会建设需要宏观政策与微观措施的结合，水质型缺水地区节水型社会的主要内容是节水减污，但节水型社会不是简单的“节水减污社会”，而是将节水减污融入社会，具体内涵为：

1. 形成政府调控、市场引导、公众参与的节水机制，是节水型社会的关键环节。行政手段是政府宏观层面的干预，市场经济手段是微观层次的调节，公众参与是多利益方协调的有效方法，保障社会公平性的基本形式。三者有机结合，在全社会形成节约用水、合理用水、防治水污染、保护水资源的良好的生产和生活方式，形成一套完整的自我约束的节水型社会系统。

2. 根据区域水环境特征，促进水资源高效利用，提高水资源承载能力和水环境自净能力是“节水型社会”的内在要求。“节水型社会”通过内在节水机制的运行，使社会经济活动对水环境负荷与水资源承载力影响达到当前经济技术条件下最小化，最终要求这种负荷和影响要控制在水资源承载力和水环境自净容量之内，符合区域生态完整性。

3. 节水型社会是一个动态发展和分层次的概念，现阶段要求实现水资源宏观优化配置和微观的高效率、高效益利用，最终全面满足社会生产、生活、生态用水等不同水质水资源的需求，实现资源、经济、社会、环境、生态的协调发展。

二、节水型社会基本特征

（一）水资源系统的基本特征

1. 整体性和系统性

整体性是水资源系统的重要特征。在水资源系统中，水资源的质、量等基本特点决定着区域水资源状况，对于水质型缺水地区来说，水质状况更是影响区域社会经济、生态环境的重要诱因。水资源系统的生态环境要素相互联系、相互影响并相互制约，局部水体水质的破坏对区域生态环境的影响将会波及水资源系统整体。

2. 动态性和不确定性

水资源系统是一个动态系统，永远处于运动和变化过程中，总是随着时间而变化。作为水资源系统的结构特性，区域水体的水质存在周期

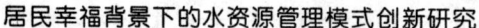

性的以及非周期性的波动，如人类活动对水体的干扰产生的水文循环状况、水环境质量的改变等。由于生态环境系统边界的不确定性和动态变化性、系统内部与社会经济因素的复杂祸合性以及各类变化及其程度的差异性，使水资源系统存在一定的不确定性。在节水管理中要关注这种动态，不断调整管理体制和策略，以适应水资源系统的动态变化和应对不确定因素的影响。

3.开放性和复杂性

水资源系统的开放性是指其具有的与外界环境进行交换的属性。在水资源系统中，水资源与周围区域的生态环境因素和社会经济因素等构成一个处于动态平衡条件下的开放系统，并不断与邻近系统发生包括物质和能量在内的各种联系。水资源系统与其他系统间生态环境系统、社会经济系统发生物质能量和信息的交换，系统为人类社会经济系统提供资源效益并受到人类活动的强烈影响，开放性决定了系统的动态性和变化。正是水资源系统开放性也使得生态环境系统的结构和功能及其相互关系复杂多样，其中水资源系统对外界输入的非线性响应特征尤为突出。由于水资源系统与其他系统间的相互关联和制约，尤其是人类活动对水资源系统影响巨大，各项人类控制和干扰活动增加了系统的复杂性，人类活动对其的正面和负面影响往往具有不可预测性。

4.连续性和层级性

城市水资源系统是由一系列不同社会层次的制水、用水、回水等阶段连续形成的完整系统，节水型社会建设是通过社会水循环在水资源系统中实施一系列的响应连续的调整。水资源系统的连续性包括地理空间、时间的连续，也即水资源系统在时间、空间尺度上具有连续变化梯度的特性。水质型缺水地区的节水型社会建设应以建设生态环境系统为重点。而生态环境系统是由多层级的复杂子系统所构成的，从而决定了建设节水型社会必须首先依托系统层级结构的有效识别及其内在关系的分析。

第三节　水资源社会福利管理之社会评价

一、基于产业用水协调的节水型社会评价主要原则

（一）节水型社会评价的原则

从节水型社会的基本特征出发，结合前文对节水型社会内涵的解析，确定促进可持续发展、面向适应性管理及多利益共同参与为节水型社会评价的大原则。

1. 目标原则促进可持续发展

根据其水质型缺水地区节水型社会的内涵，节水型社会评价旨在对区域节水状态进行综合评估，识别系统状态及其存在问题，并将评估过程应用于节水管理，指导并改进节水管理决策，从而促进水资源可持续利用，并实现“区域水资源—社会经济—生态环境”的协调发展。因此，从目标层面上将促进区域水资源复合系统可持续发展作为节水型社会评价的重要原则。由此，节水型社会评价能够针对节水状况的动态性和可控性特点，通过调整节水管理对策善节水状况。水资源系统可持续发展主要指水资源的可持续利用与其他子系统的可持续发展，包含双重含义。水资源的可持续利用，既强调保护和修复水体环境功能的重要性，也承认人类社会适度开发水资源的合理性，但要求人们对于水资源的开发利用保持在一个合理的程度上，保障水资源的可持续利用，力图寻求开发与保护的共同准则。强调通过评估在自然与人类活动双重作用下节

水状况的变化趋势，进而通过管理工作，促进水资源复合系统的良性发展。将水环境保护的理念进一步拓宽，不仅需要可持续利用水资源支持社会经济持续发展，也需要保障水环境的健康，反映水资源自身与人类需求的协调理念。

2.实施原则：面向适应性管理

适应性管理是资源管理的有效方式，它通过规划、监测、反馈、调控等过程，应对管理过程中的风险和不确定性，提高管理行为的针对性和有效性。其中，监测系统的构建及其为管理过程提供及时反馈是适应性管理得以有效开展的必要性前提。作为节水管理目标设定的基础，节水型社会评价无疑是促进节水管理适应性的关键内容，这使节水型社会评价设计、实施过程中需要关注其与节水管理的有效集成和合理协调，将面向适应性管理作为其实施原则。

这一原则针对节水型社会评价的方法及节水管理的集成分别提出要求在节水型社会评价方法本身，要求评价指标、评价标准等应具有一定的动态性和灵活性，可以结合对管理需求及认识水平的变化等做出具体调整和适应，在实施过程中，应从介入时间方面进行合理的设计和控制，强调在节水管理的规划阶段及时引入节水型社会评价体系，并将其纳入管理目标设定、管理方案确定、后评估等关键环节，加强目标监测和后评估。

3.参与原则：多利益方共同参与

多利益方参与是节水型社会建设的基本要求，也是保障社会公平性的基本形式，《欧盟水框架指令》中也明确提出了积极鼓励公众参与的总体要求。多利益方参与至少具有两大提高管理决策的透明度和合法性能够利用各利益方的知识提高决策水平的优点。

主要可以从参与群体、参与形式、参与过程、参与深度等方面保障多利益共同参与节水型社会评价。参与群体对各主要利益方的意见和建议予以考虑，包括政府管理者环保部门、水利部门、水务部门等、专家环境学、生态学、经济学、水利学专家、一般公众等参与过程。多利益方参与贯穿于节水型社会评价全过程，包括评价设计、现状调查、评估、适应性管理对策等各个步骤，参与形式为公众参加立法、决策、规划、立项等各类听证会和咨询会，参与深度不仅进行单向和双向交流，而且主要利益方要进入决策和管理机构，参与管理策略的制定。

（二）水资源社会福利管理原则

由于水资源环境问题和实施管理区域的差异性，节水管理目标和原则的确定，不仅需要基于层级性特征考虑不同的系统层次，还需要建立长期的动态适应性及调整机制，以反映不同时期区域内利益相关方的构成、意愿及不同时期节水型社会系统的需求变化。

1. 系统整体性原则

系统整体性原则要求将“区域水资源—环境—社会经济复合系统”作为整体性等级结构系统，应用整体的观点、从系统的角度研究和解决水资源、水环境问题。强调系统观的节水管理是水体的生态修复和促进水资源的可持续发展的重要途径。由于人类活动的干扰及水文、生态联系的大尺度特征，以区域为尺度进行节水管理与规划更能反映系统的整体性。同时，在节水管理规划和水环境保护策略制定过程中需采用综合性和整体性的方法，将保护和管理区域视为一个基本的和完整的单元进行管理。在制定节水管理规划决策中，应将其放在等级结构的适当层次，提出既符合上一级规划要求，又反映自身整体功能优化的管理目标，并且再制定相应措施时，在系统整体背景下，全面考察管理措施的实施效果。

2. 层级综合性原则

根据水资源系统的层级性特征，系统的内部要素并不是等同的，有高、低层次之分，也有包含型与非包含型之别。系统中的这种差别主要是系统形成时的时空范围差别造成的。因此，实施节水管理应进行各个层次的综合，不能仅限于某一社会层次，如企业节水管理、行业节水管理或生活区节水管理，而必须考虑整个区域的水环境特征，水资源利用状况进行综合管理。进行高层次综合管理的前提是实施有效的企业节水管理、行业节水管理或生活区节水管理等。

3. 可持续性原则

可持续性原则要求不仅要满足系统结构的完整性和可持续性，更包括系统整体功能和过程的可持续性，也即应维持水资源的自然、环境功能等的可持续性。通过水资源功能的维系来满足人类对社会经济发展的需求、提高水资源的承载能力、不降低水环境自净容量。这就要求节水管理中，制定合理的管理目标和有效的管理措施，必须保证区域水资源复合系统发展的可持续性，也即节水管理活动除了应用系统学、水文学等基础学科，还应在环境学、生态学的基础上，全面了解节水水平、水环境状况，对受影响因素的强度、可恢复性作出客观分析，在此基础上提出减少不利影响的措施和方法。

4. 动态适应性原则

作为系统管理的重要原则之一，管理方案、管理过程的适应性反馈和调整机制对于节水管理方案的优化等具有关键作用。由于水资源系统开放性、复杂性和动态变化的特征以及节水管理过程中的不确定性，在进行节水管理过程中应时刻关注可能存在的动态变化过程，建立长期的动态适应性调整机制和管理模式，不断调整和优化管理机制、措施和策略，以适应系统的动态发展。也即需要将节水管理过程及其框架阶段化和弹性化，制定监测与评估以及反馈和修正的步骤和程序，定义不同社会层次节水管理的方案和周期，每个周期结束时，基于对节水型社会评估，提出新一阶段节水管理改进方案，在每个管理周期内，通过提高节水管理及相关策略的适应性，强化对区域社会经济等响应的实时监控，对评估方法、管理目标、管理策略等进行及时反馈和调整，提高节水管理应对节水状况变化的能力。

5. 多方参与性原则

在节水管理中，人与自然之间的价值冲突以及不同利益方之间的冲突一直存在，协调处理其冲突并促进更合理有效的节水管理，需要将各利益方引入节水管理的过程中，通过识别主要的利益相关方，建立利益相关者参与的程序和方法等，及时了解和明确不同利益方对于节水管理策略及其实施效果的具体认识。

二、水资源社会福利管理与社会激励机制

在水质型缺水地区节水型社会建设中调动公众的积极性，增强公众的责任感，使公众由被动参与变为主动参与，使全社会形成节水文化，节水工作才能取得更大实效，实现人与生态环境的和谐发展，形成人口、资源、环境和文化相互协调的循环型社会，为实现经济和社会的可持续发展提供有力的保证。其中公众参与机制包括建立水相关利益团体在政策制定和实施过程中的参与机制建立水价听证会制度，形成水价管理的公共决策机制，建设地方之间分水和用水的民主协商制度、水管理部门之间的协作制度，充分发挥科技界在水管理中的技术支撑作用，扩大技术专家在决策制定中的参与权，建立信息披露制度，及时、准确和全面地向全社会发布各种用水信息。

目前，水质型缺水地区建设节水型社会才刚刚起步，各地的节水工作虽取得了一定的成果，但公众作为水资源消费的主体，节水意识仍停留在被动接受状态，没有积极参与到节水工作中，从而制约着区域节水

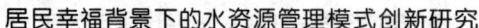

型社会的建设。为提高区域节水成效与改善水体水质，强化公众参与机制，开展节水型社会建设公众调查，以调查和听取群众对节水型社会建设工作的意见和建议，揭示出节水型社会建设中存在的问题，激励社会各方面参与节水减污的创造性和积极性，形成人人参与节水型社会建设的新局面。

三、强化水社会福利资源管理建策略分析

（一）加强宣传和指导，全面推进节水型社会建设

为了让全世界关注水问题，1993 年 1 月 18 日，第 47 届联合国大会根据联合国环境与发展大会制订的《21 世纪行动议程》中所提建议，确定自当年起将每年的 3 月 22 日定为世界水日。设立世界水日的目的是为了推动世界各国对水资源进行综合性统筹规划和管理，加强水资源保护，并通过开展广泛的宣传教育活动，增强公众开发和保护水资源的意识。使整个社会认识到水资源短缺的严重性，加强水资源管理的紧迫性，唤起人们对水资源环境的重新认识和高度重视，没有一个良好的水资源环境，就无法保障国民经济和社会的可持续发展，各级领导一定要增强忧患意识，切实加强领导，成立专门的解决水资源问题的领导小组，确保彻底实现水资源优化配置的组织、领导、指挥、协调。在建设节水型社会过程中，坚持科学推动，实践带动，进一步总结推广试点经验，扩大试点建设范围和规模，加快节水型社会建设有关政策措施的制定和出台，全面推进节水型社会建设。

（二）明确水资源管理新思路

要把维护人民群众的根本利益作为水资源管理的出发点和落脚点，把实现人与自然和谐作为水资源管理的核心理念，把水资源配置、节约和保护作为水资源管理的工作重心，统筹兼顾、因地制宜、分类指导，

坚持不懈地推进水资源管理工作的创新。当前，我们正处于传统水利向现代水利、可持续发展水利转变的关键阶段，为适应水资源和经济社会发展形势的变化，要加快推进以下六个方面的转变。

1. 在管理理念上，从供水管理向需水管理转变。供水管理，是通过对水资源供给侧的管理，提高供水能力，满足水资源需求；需水管理，是通过对水资源需求侧的管理，提高用水效率和效益，抑制不合理用水需求，实现水资源的供需平衡。我国不能走以需定供的老路，必须向需水管理转变，走内涵式发展道路。

2. 在规划思路上，从开发利用优先向节约保护优先转变。各地要贯彻“先节水、后调水，先治污、后通水，先环保、后用水”的“三先三后”原则，根据各地水资源承载能力和经济社会发展的用水需求，在保护生态环境和水资源可持续利用的前提下，统筹安排生活、生产和生态用水，形成现代高效的用水格局。

3. 在保护举措上，从事后治理向事前预防转变。水资源污染后被迫治理、生态系统破坏后被动修复的代价是极其沉重的。我们决不能走先污染后治理、先破坏后修复的发展道路。要采取积极有效的保护举措，健全预防水污染和水生态破坏的监管制度，加强预警和防控，防患于未然。

4. 在开发方式上，从过度、无序开发向合理、有序开发转变。统筹规划，科学论证，优化配置，慎重决策，高度重视和妥善处理水资源开发中移民安置、土地占用、生态环境保护和管理体制机制等问题，充分发挥水资源的综合效益，把负面影响降低到最低程度。

5. 在用水模式上，从粗放利用向高效利用转变。坚持节水优先、治污为本、多渠道开源的用水模式，增强全社会用水的自律意识，大力推进节水型社会建设，全面提高用水效率与效益，转变用水方式，促进经

济发展方式转变和产业结构调整。

6. 在管理手段上，从注重行政管理向综合管理转变。把水资源管理目标与经济社会发展和生态环境保护的目标有机结合起来，综合运用法律、行政、经济等多种方式和手段，强化政府的公共管理职能，同时重视市场的调节作用，广泛吸纳公众参与水资源管理工作。

（三）推行水务一体化管理，深化水利管理体制改革

水务一体化是加快水利管理体制改革的产物。广东省深圳市在 1993 年率先进行改革，实行水务一体化，成立水务局，统一管理涉水事务。水务一体化打破了水资源城乡界线和部门分割，实现城乡水务的统一管理。国外也比较重视水务的统一管理，如法国、新加坡等国家。新加坡为一花园之国，面积 714.3km²，但人均水资源量仅为 211m³，排名世界倒数第二。以如此之少的水资源量支持发达的经济与社会，新加坡的水务部门做出了重要的贡献。新加坡水资源开发和利用归国家贸易局和工业发展部下属的公用事业局管理，具体业务由其下属的水务署负责。水务署负责全国的水政策、水规划、水生产、水供给和用水管理。借鉴国外经验，我们也应建立起“一龙管水、合力治水”的管理体制，统筹城乡水资源，统筹水源地建设、防洪、取水、供水、用水、节水、排水、污水处理、回用等工作，实现对水资源全方位、全领域、全过程的统一管理。

（四）建设和完善水资源监控体系，提高水资源管理水平

建立起与用水总量控制、水功能区管理和水源地保护要求相适应的监控体系。加强对用户取水、入河排污口的计量监控设施建设。抓紧完善水资源管理信息系统，逐步建成水资源监控管理平台，全面提高水资源监管能力。同时，做好水资源统计及信息发布工作。加强水资源公报等信息发布制度建设，及时向社会发布科学、准确和权威的水资源信

息，增强信息透明度，正确引导社会舆论和公众行为。

（五）健全市场管理，规范发展进程

1. 建立多元化资金投入机制。水资源管理是一项复杂的工程，需要大量的人力、物力和财力的支持。因此，政府要在节水管理、节水技术和推广等方面提供资金支持，并鼓励和提倡实行水利部门股份制改造，吸纳社会闲散资金。水利部门可引入市场机制，利用市场化手段建立多元化、多渠道、多层次的资金投入机制，为水资源工程提供充足的资金支持。

2. 落实管理制度，强化监督管理。水资源问题形成的主要原因是于管理制度落实不到位，监督管理未真正起到作用，管理行动滞后于管理理念。因此，各相关部门要强化水资源管理制度的实施，严格按照指标、标准等进行水资源工程的实施和管理。水资源监管部门要强化法制意识和责任意识，加强监督力度，查处违法用水、破坏水资源等行为。

3. 加大水价改革，健全水权机制。按照市场经济规律和价值规律，建立合理的水价形成机制，充分发挥价格杠杆调节作用，以经济手段促进水资源的优化配置。在综合考虑城乡居民和企业单位的经济能力前提下，分阶段稳步进行水价的改革。针对不同类型的用水，制定不同的供水价格；对于同一类型的用水实行阶梯式水价，以此推动节约用水，提高水资源利用效率。同时，充分发挥市场在资源配置中的基础性作用，培育和发展水市场，允许水权交易，加快水权制度建设，促进水资源从低效益用途向高效益用途的转移。

4. 加强水务管理立法和执法。为切实提高水资源管理水平，政府应完善水资源管理相关制度，建立健全科学合理的水法体系，严格规范水资源管理过程。以高标准、强手段为我国水资源发展提供强有力的保障。同时，要建立一支高效、廉洁、文明的水政监察执法队伍。加大水利执法检查力度，保证各项措施依法执行，落实到位。

总之，应从全局和战略的高度，深刻认识加强水资源管理的重大意义，牢固树立危机意识，切实增强责任意识，树立人与自然和谐相处的理念，坚持人水相亲、人水两利，科学开发利用的原则，扎实做好水资源管理工作，推动经济社会全面协调可持续发展。

第六章　居民幸福背景下的水资源管理模式研究——以政治福利为例

基于民主制度的广泛参与是当代可持续集成水资源管理的基本原则，也是幸福导向的水资源社会政治福利管理的重要内容。从水资源的法律法规的制定、实施到管理体制的建立以及水事纠纷的解决，均离不开相关利益团体的广泛参与。从理论上讲，通过鼓励积极参与，不但公众的基本水权益能得到有效保障，而且在参与过程中，公众的意愿得到了表达，才智得到了发挥，因而有利于提高人们的生活满意度和幸福感。本章重点探讨参与式水资源管理方式与用水户幸福感的关系，并以张掖市甘州区灌区农民用水户协会水资源参与式管理为例加以实证。

第一节　水资源政治福利管理理论基础

一、水资源政治福利管理理论——过程效度理论

效用是经济学中常用基本概念之一，在传统经济学研究中仅指结果效用，即人们从各种商品或服务消费中获得的满足感。其实，人们不仅可以从社会经济活动的结果中获得效用，还可以从产生结果的过程中或条件中获得某种满足，即过程效用①。与社会经济活动的结果一样，过程也是一种重要的幸福来源。这是因为人们对社会政治经济活动的决策过程具有参与自主决策的欲望或偏好，而这种欲望或偏好与所期望的结果无关。人们十分看重自主决策而非让人替代，即使这可能会得到较差的回报（Bruno S. Frey，Alois Stutzer，2005）。

过程效用与过程公平密切相关。在特定的体制下与决策过程中，如果人们感觉得到了公平对待，就会有较高的幸福感。研究表明，当结果的分配冲突无法得到公平解决和结果本身极不确定而无法使所有利益相关者都感到满意时，程序或过程公平就显得十分重要（Anand，2001）。人们会从过程所传递的信息（如上级或权威机构的公正、诚信以及个体得到尊重）中获得满足感。可见，对于获得效用，过程公平不但具有工具性价值，即公平性程序给人们带来了期望得到的结果，而且人们可

① 心理学理论为过程效用提供了心理学证据。自决理论认为，决策上参与与自治可满足人们天生的表达、自治与建立关系之需，从而提高人们的福利，因而具有过程效用(Deci and Ryan, 2000)。在群价值模型中，认为过程公正能增强群体团结，提高成员在团体中的地位（Lind and Tyler，1998）。

以通过公平程序本身的体验和评价而得到满足感（Thibaut and Walker，1975；Bruno S. Frey，Alois Stutzer，2002）。

过程本身也存在快乐的其他来源，包括迎接挑战、表达自我、发挥潜能、分享感受。Scitoviky（1976）在《无快乐的经济》中指出：工作过程中固有的享受是获得生活满意感的重要来源；就对个人幸福感的影响而言，喜欢工作与否甚至会大于收入差距。这体现了过程对于满足人们自我价值实现需要的重要意义。

根据其来源，过程效用大体可分为三类。

第一，制度过程效用。

人们对分配和再分配决策制度方式本身有偏好。例如，市场与民主制度，因能分别为人们提供选择上的自由和保证政治决策中的公平，而受到了人们的欢迎。人们可在特定的制度下从生活和活动本身获得效用，而不仅仅是这种制度产生的结果。

第二，个体行为过程效用。

人们对所参与的活动或选择过程感兴趣时，可以从（非互动的）个体行为本身获得过程效用。Pascal（1670）曾研究指出，人们可从参与某些活动（如游戏的行为）中获得效用。Marschak（1950）、Von Neumann、Morgentern（1953）、Harsanyi（1993）等人的研究也得到了类似的结果。

第三，互动活动过程效用。

一方面，无论结果如何，人们都能因公平或诚恳地对待他人而感到满足；另一方面，人们在评价他人针对自己的行动时，不仅会考虑这一行动产生的结果，还会考虑这一行动背后的动机和行动。例如，当施动方为善意且付出了努力，即使互动结果不理想，受动者也会心存些许感激（Falk，2000）。

二、过程效用的测量

（一）效用的测量

作为一种积极的主观感受，效用可用生活满意感（主观幸福）为替代指标进行测量。作为对个体享有效用的度量，主观幸福指标在经济学中得到越来越多的研究和应用（Clark and Oswald，1994）。借助一个或若干考察个体生活满意度的问题，可以确定个体主观幸福的评价。个体给出的评分表明了他对生活质量总体满意程度的评价（Veenhoven，1993）。

主观幸福数据的获取，主要采用大规模的问卷调查或访谈。调查时提出问题的方式多种多样，如“总体看，你对当前生活的满意程度如何？”与此同时，向受访者发放10点值量表（其中1表示“极不满意”，10表示“十分满意”），让其对自己生活满意状况进行数值表述。此外，还可以提问方式评估个体幸福感，如“总体看，近期您感觉如何：十分开心？比较开心？还是不太开心？”

在大量研究中，这种幸福测量的有效性已经得到了证实。研究表明，幸福感的不同度量方法得到的结果有极好的一致性（Fordyce，1988）。可靠性研究发现，个体报告的主观幸福感具有一定的稳定性，并对生活环境的变化敏感。一致性检验表明，幸福的人在社会交往中通常面露微笑（Fernandez-Dols，Ehrhardt等，2000；Headey and Wearing，1991）；朋友、家人和伴侣也认为其很幸福（Costa and McCrae，1998）。

（二）过程效用的测量

1.双差分法估计过程效用

假定某群体中部分个体受某项政治经济活动的影响，另一部分个体则被排斥在这一活动之外，那么，以生活满意度（主观幸福）作为效用的替代指标，基于调查统计，用计量经济学中的双重差分模型（Difference-in-Difference model）可对该项社会政治经济活动的过程效用进行测量（BW Bruno S. Frey and Alois Stutzer，2004）。

双重差分模型是一种广泛用于分析某项外生政策给作用对象带来净影响的计量经济学方法（伍德里奇，2010），其基本思路是将调查样本分为两组：一组为受政策影响的“作用组”，另一组为未受政策影响的或影响很小的“对照组”，然后根据两组在政策实施前后的信息，分别计算政策实施前后两组某个受影响指标的变化量，最后计算两个变化量的差值（即所谓的“双重差分值”）。当两组变量影响该指标的其他因素无系统差异时，该值即可反映政策对“作用组”所考察指标影响的净效应。双重差分原理如图 6-1 所示。

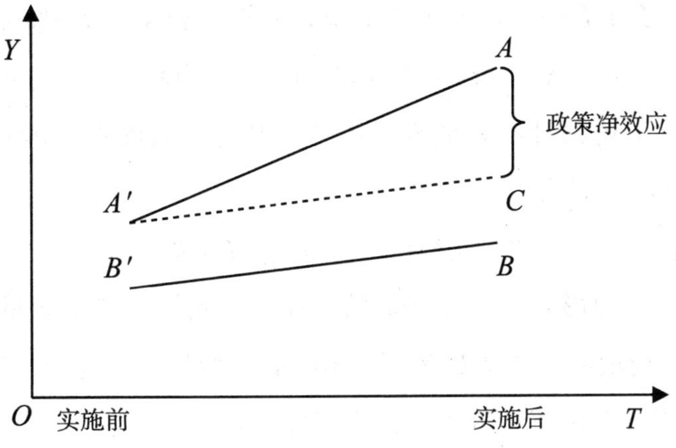

图 6-1　双重差分原理

图 6-1 中，Y 为样本受政策影响的某指标值，$A'A$ 与 $B'B$ 分别为“作用组”和“参照组”在政策实施前后该项指标均值的变化曲线，那么政策实施对“作用组”的净影响为 AC，即（$AB-A'B'$）。

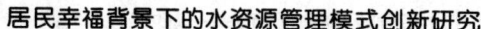

双重差分估计计量经济模型一般可用下式表示（伍德里奇，2010）：

$$Y_{it}=\beta_0+\beta_1X_i+\beta_2T_t+\beta_3X_i\times T_t+u_{it} \qquad (1)$$

其中，Y_{it} 表是第 i 个样本点在时段 t 受影响指标的观测值；X_i 为表示样本点 i 性质的哑变量，当样本点 i 属于“作用组”时，X_i 取 1，否则取 0。T_t 表示时段 t 性质的哑变量，当时段 t 为政策实施前时段时，T_t 取 1，为实施后时段则取 0。β_0、β_1、β_2、β_3 为待估参数，u_{it} 为影响 Y_{it} 的其他无法观测、不可控制因素。如果调查样本为随机样本，两组变量影响该指标的其他因素无系统差异时，那么交互项 $X_i\times T_t$ 的系数 β_3 即为政策实施后对“作用组”受影响的指标的净效应。对此可采用最小二乘法进行估计。但为避免双重差分自选性问题，可采用一阶差分估计法进行估计（一阶差分估计：离散函数连续相邻两项之差。设 $X(k)$ 为 X 关于 k 的函数，那么 $Y(k)=X(k+1)-X(k)$ 为函数 $X(k)$ 的一阶差分，$Z(k)=Y(k+1)-Y(k)=X(k+2)-2X(k+1)+X(k)$ 为其二阶差分）。

为检测上述估计的稳健性，需纳入其他可观测的影响指标控制变量，（1）式可扩展为：

$$Y_{it}=\beta_0+\beta_1X_i+\beta_2T_t+\beta_3X_i\times T_t+\beta X_{it}+u_{it} \qquad (2)$$

其中，X_{it} 为影响所关注指标的其他可观测控制变量向量；β 为待估参数矩阵，衡量控制变量对 Y_{it} 的作用；u_{it} 为特异性扰动项，代表因时而动影响 Y_{it} 的非观测扰动因素。其他变量含义不变。

2. 运用有序 probit 模型检验结果稳健性①

由于作为效用替代指标的主观幸福为不易直接观测的定性潜变量，且个体报告的主观幸福通常为有序分类变量，因此为开发个体主观幸福

① 这里的稳健性指的是理论和变量解释能力的稳定性，也就是当条件或假设发生变化时，理论和变量对某一问题或现象仍然具有稳定的解释力。

观测值层级信息，可建立有序 probit 模型，采用最大似然估计法对模型。

3. 系数进行估计

将有序 probit 模型应用于幸福函数分析，是基于下面的认识：设个体在时段 t 享有的幸福感 $W_{it}*$ 是取决于一系列制度、社会人口学及个人特征因素 x 以及一些独立随机误差 ε 的潜变量，其关系可表达为 $W*=\beta x_{it}+\varepsilon_{it}$。由于是潜变量，人们不可能准确报告幸福感 $W_{it}*$，而仅能给出一个大概值 W_{it}，如范围从 1 到 10。即当个体实际幸福值 $W_{it}*$ 位于两个界限值 λ_{k-1} 与 λ_k 之间时，个体幸福报告值 W_{it} 取值为 k（k 为大于等于 0 小于等于 10 的整数），即 $W_{it}=k \Leftrightarrow \lambda_{k-1}<W_{it}* \leqslant \lambda_k$。对此，Zavoina 和 McKelvey（1975）专门开发了一种用来估计 β（反映观测的因变量与幸福感间的关系）与界限值的估计值 λ 的模型即有序 probit 模型。有序 probit 模型，估计过程如下：

设因变量 Y^* 为一定性连续潜变量，一系列界限值 $\delta_j(j=0, 1, 2, \cdots, m)$ 将其分割成一系列区间，分别对应观测有序类变量 Y，编码为 0，1，2，…，m；Y^* 与 Y 的对应关系为：$Y=j$ 等价于 $\delta_{j-1}<Y^* \leqslant \delta_j$，为保证完备性，令 $\delta_{-1}=-\infty$，$\delta_m=+\infty$；X 为一系列影响 Y^* 的变量，β 为待定参数矩阵，建立有关 Y^* 与 X 线性关系模型：

$$Y_i^*=\beta X_i+e_i \quad e_i \sim N(0, 1) \quad i=1, \cdots N \tag{3}$$

其中，系数矩阵 β 及界限值 δ_j 均为待估参数，那么 Y_i* 对应的第 i 个有序变量类 Y_i 的出现的概率可表示如下：

$$P(Y_i=0)=P(\delta_{j-1}<Y^* \leqslant \delta_j)=P(-\infty<Y^* \leqslant \delta_0)=P(Y^* \leqslant \delta_0) \tag{4}$$

将式（3）代入式（4），得：

$$P(Y_i=0)=P(\beta X_i+e_i \leqslant \delta_0)=(e_i \leqslant \delta_0-\beta X_i)=\Phi(\delta_0-\beta X_i) \tag{5}$$

同理可推得，$P(Y_i=1)=\Phi(\delta_1-\beta X_i)-\Phi(\delta_0-\beta X_i)$

$$P(Y_i=2)=\Phi(\delta_2-\beta X_i)-\Phi(\delta_1-\beta X_i)\cdots$$

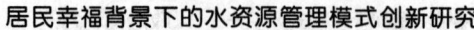

$$P(Y_i=j)=\Phi(\delta_j-\beta X_i)-\Phi(\delta_{j-1}-\beta X_i)\cdots$$

$$P(Y_i=m)=1-\Phi(\delta_m-\beta X_i)。$$

利用最大似然估计法可对式中参数进行估值，为此建立最大似然函数：

$$L(X_1, X_2, \cdots, X_N; \beta, \delta)=\prod_{i=1}^{N}\sum_{j=0}^{m} Z_{ij}\,[\Phi(\delta_j-\beta X_i)-\Phi(\delta_{j-1}-\beta X_i)] \quad (6)$$

其中，Z_{ij} 为标识符，当 $Y_i=j$ 时，$Z_{ij}=1$；当 $Y_i\neq j$ 时，$Z_{ij}=0$。

第二节　水资源政治福利管理实践方法

一、民主参与过程效用的概念

作为一种民主决策机制，参与因能增强人们的自决感而受到社会科学领域，特别是社会学和心理学领域的广泛关注（Lane，2000）。在当代社会政治活动中，参与既是一种活动，也是一种制度特征。一方面，在参与民主制度下，人们会觉得自己的意愿能在程序上得到公平、认真的对待。政治决策机制中的参与权，包括选举权、监督权等，可使人们产生参与感及归属、认同、自决感（feeling of self-determination）。另一方面，实际参与，即参与权的行使，包括履行公民义务和表达政治意愿，如参与投票和提出动议及动议表决，使个体政治意愿和利益诉求得到实际表达，这可使人们产生某种满足感。因此，无论是参与权还是实际参与均存在过程效用：存在状态的参与过程效用和实际参与的过程效用。前者是人们从生活于民主参与制度下拥有参与权状态本身获得的效用，后者则指人们从实际参与活动过程本身获得的效用（Bruno S. Frey and Alois Stutzer，2002）。总之，从理论上看，社会政治过程中赋予人们参与权，并使人们真正参与政治决策活动，将有利于增强公民的生活满意度（幸福感），而被排斥在这一过程之外，人们的幸福感则会相对较低。

二、民主参与过程效用的测量

（一）运用双重差分法测量民主参与过程效用测量

在运用双重差分法估计民主参与过程效用时，可根据受某参与政策影响的情况将相关个体分成两组：一组个体享有参与权，且进行了实际参与活动，因而受参与过程影响，享有参与的过程效用，设为“参与过程作用组”；另一组没有参与权，且没有实际参与活动，因而不享有参与的过程效用，但受参与政策的结果影响，享有参与的结果效用，设为“参与过程参照组”。通过对比该参与政策实施前后两组个体平均效用的变化量，并计算两个变化量的差值，就可以评估该民主参与过程的净效应。这一净效应就是民主参与的过程效用。

两组个体获得效用与参与政策实施关系的一般计量经济模型（即双重差分估计模型）可用下式表示：

$$W_{it} = \beta_0 + \beta_1 P_i + \beta_2 T_t + \beta_3 P_i \times T_t + u_{it} \qquad (7)$$

其中，W_{it} 表示个体 i 在时段 t 从参与政策获得的效用；P_i 为表示个体 i 性质的哑变量，当个体 i 属于作用组时，X_i 取 1，否则取 0；T_t 表示时段 t 性质的哑变量，当时段 t 为政策实施前时段时，T_t 取 1，实施后则取 0；β_0，β_1，β_2，β_3 为待估参数，u_{it} 为影响个体效用的其他无法观测、不可控制的因素。如果调查样本为随机样本，两组变量影响个体效用的其他因素无系统差异，那么交互项 $P_i \times T_t$ 的系数 β_3 即为参与政策实施后对作用组受影响的指标的净作用。根据双差分原理，易知 $\hat{\beta}_3 = \left(\overline{W}_{11} - \overline{W}_{10}\right) - \left(\overline{W}_{01} - \overline{W}_{00}\right)$。

（二）运用有序 probit 模型结果检验参与过程效用稳健性

上述过程效用估计值除主要受参与政策影响外，还可能受作用组与参与组个体因素系统差异影响。因此，为检验上述参与政策过程效用估计值是否显著，需要进一步控制其他个体效用影响因素。为此，可建立相应的双重差分扩展模型，对上述双重差分估计结果进行稳健性检验，模型如下：

$$W_{it} = \beta_0 + \beta_1 P_i + \beta_2 T_t + \beta_3 P_i \times T_t + \delta X + u_{it} \qquad (8)$$

其中，X, δ 分别为影响个体效用的其他个体特征因素变量及其系数矩阵，其他符号含义不变。

由于作为效用替代指标的主观幸福为不易直接观测的定性潜变量，而个体报告的主观幸福通常为有序分类变量，因此为开发个体主观幸福观测值层级信息，可建立序 probit 模型，采用最大似然估计法对模型系数进行估计。

建立有序 probit 模型时，令个体主观幸福潜变量为 W_{it}^*，它与个体报告主观幸福 W_{it}（$W_i = 1, 2, \cdots, 10$）之间对应关系为：$W_i = j$ 等价于 $\gamma_{j-1} < W_i^* \leqslant \gamma_j$，其中 γ_j 为 W_{it}^* 的界限值。建立个体幸福感与影响因素变量之间的关系模型：

$$W_{it}^* = \beta_0 + \beta_1 P_i + \beta_2 T_t + \beta_3 P_i \times T_t + \delta X + e_{it} \tag{9}$$

其中，β_0，β_1，β_2，β_3，P_i，T_t，δ，X 含义同（1）（2），e_{it} 为服从正态分布的随机误差项。那么，W_{it}^* 对应的第 i 个有序变量类 W_i 出现的概率可表示如下：

$$p(W_{it}=0)=p(\gamma_{j-1}<W_{it}^* \leqslant \gamma_j)=p(-\infty<W_{it}^* \leqslant \gamma_0)=\mathrm{p}(W_{it}^* \leqslant \gamma_0) \tag{10}$$

将式（3）代入，得：

$$\begin{aligned} p(W_{it}=0) &= p(\beta_0 + \beta_1 P_i + \beta_2 T_t + \beta_3 P_i \times T_t + \delta X + e_{it} \leqslant \gamma_0) \\ &= p[e_i \leqslant \gamma_0 - (\beta_0 + \beta_1 P_i + \beta_2 T_t + \beta_3 P_i \times T_t + \delta X)] \\ &= \Phi[\gamma_0 - (\beta_0 + \beta_1 P_i + \beta_2 T_t + \beta_3 P_i \times T_t + \delta X)] \end{aligned}$$

同理可推得：

$$p(W_{it}=1)=\Phi[\gamma_1-(\beta_0+\beta_1 P_i+\beta_2 T_t+\beta_3 P_i \times T_t+\delta X)]-\Phi[\gamma_0-(\beta_0+\beta_1 P_i+\beta_2 T_t+\beta_3 P_i \times T_t+\delta X)]$$

$$p(W_{it}=2)=\Phi[\gamma_2-(\beta_0+\beta_1 P_i+\beta_2 T_t+\beta_3 P_i \times T_t+\delta X)]-\Phi[\gamma_1-(\beta_0+\beta_1 P_i+\beta_2 T_t+\beta_3 P_i \times T_t+\delta X)]$$

$$p(W_{it}=j)=\Phi[\gamma_j-(\beta_0+\beta_1P_i+\beta_2T_t+\beta_3P_i\times T_t+\delta X)]-\Phi[\gamma_{j-1}-(\beta_0+\beta_1P_i+\beta_2T_t+\beta_3P_i\times T_t+\delta X)]$$

$$p(W_{it}=m)=1-\Phi[\gamma_m-(\beta_0+\beta_1P_i+\beta_2T_t+\beta_3P_i\times T_t+\delta X)]。$$

利用最大似然估计法可对式中参数进行估值。为此建立最大似然函数：

$$L(X_1,X_2,\cdots X_N;\beta,\delta,\gamma)=\prod_{i=1}^{N}\sum_{j=0}^{m}z_{ij}\ [\Phi(\gamma_j-(\beta_0+\beta_1P_i+\beta_2T_t+\beta_3P_i\times T_t+\delta X)-\Phi(\gamma_{j-1}-(\beta_0+\beta_1P_i+\beta_2T_t+\beta_3P_i\times T_t+\delta X))] \quad (11)$$

其中 Z_{ij} 为标识符，当 $W_{it}=j$ 时，$Z_{ij}=1$；当 $W_i\neq j$ 时，$Z_{ij}=0$。利用上述似然函数即可求解相关参数，并依据结果对民主参与过程效用进行稳健性检验。

第三节　水资源政治管理幸福效应实证研究

作为一种多社会阶层、多团体利益协调机制，当前公众参与已被广泛引入公共决策领域的各个方面。在水资源管理中，以农民用水户协会为基本组织形式的我国灌区参与式水管理模式已广泛建立，并取得了积极效果（杜鹏，2008；崔远来，张笑天，杨平富等，2009）。无疑，参与式水资源管理有利于提高用水的效率与公平，从而改善相关利益团体的客观福利。除此之外，根据过程效用理论，参与式管理过程本身必然直接促进用水户幸福感的提高。因此，测量参与式水资源管理过程效用，有利于我们进一步认清参与式水资源管理的作用和意义，并从提高人们福利水平和生活质量角度进一步改进水资源管理模式。本节以我国地处干旱区的甘州区农民用水户协会参与式水管理为例，对上述命题进行了实证研究。

一、研究区参与式水资源管理概况

甘州区位于我国西北第二大内陆河流域——黑河流域中游，隶属我国甘肃省张掖市。由于地处我国内陆腹地，气候十分干旱，年均平均降水量仅为 129 mm，蒸发量 2 000 mm 以上，干燥系数大于 15。由于降水稀少，全区各种用水，包括工农业生产、生活甚至生态用水，绝大部分来自地表水（即黑河上游来水）以及地下水。近年来，由于经济与人口规模的快速膨胀，需水量增加，加之黑河流域配水计划的实施，全区面临着用水紧张、各类用水矛盾日益激化的局面。这种情况下，如何协调各种用水关系，维持区域社会经济可持续发展，最终使有限水资源最大限度地造福当

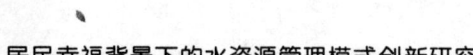

地居民就成了摆在当地各级政府面前的重要课题。

为此，自2002年张掖市被确定为我国首批节水型社会建设试点以来，当地政府积极引导公众参与水管理过程，广泛赋予公众或相关利益团体以水资源管理的决策权、参与权、知情权等，并成立以灌水小组为基本组织单位，灌区、渠系、村自上而下三级灌溉农民广泛参与的水资源管理组织（即农民用水户协会），以协调各种用水关系，化解各种用水矛盾，如表6-1所示。

表6-1　张掖市甘州区农民用水户协会各级管理组织

组织名称	组建单元	组织情况	管理职责
灌区农民用水户协会	灌区	会长由灌区法人代表担任，副会长由灌区分管灌溉的水利职工担任；协会执委会成员由普通用水户代表、村级协会会长及灌区水管所相关人员组成。	为灌区最高水管理组织，负责灌区各项水事管理。
渠系农民用水户协会	渠系	会长从下级分协会会长中选出；常务副会长由渠系主任担任。	负责本渠系范围内的水事管理。
村级农民用水户协会	行政村	会长一般由村委主任担任，副会长由分片灌水的水利职工担任；协会执委成员由村会员代表大会从普通用水户代表中选举产生。	全面负责本村的水管理事务，聘用协会工作人员。
灌水小组	村社	社内全体用水户选举产生用水户代表，作为灌水小组水管理成员，并设其中一名成员为首席代表，即小组组长。	灌区最基层水管理组织单元。

资料来源：张掖市甘州区水务局文件《甘州区用水者协会基本情况》，2006。

根据对研究区的实际调查和访谈，依据水管理的参与权和参与程度，张掖市甘州区农民用水户协会成员大体可分为两类：一是普通用水户，即普通用水户协会成员，他们并不真正拥有水资源管理权，也没有参与实际的水管理；二是普通水户代表，从普通用水户中选出，是水管理参与权真正拥有者和各级水管理的实际参与者，负责对三级用水户协会正副会长、执委成员的选举，考核和罢免以及水管理决策的表决，提出和反馈普通用水户意见。

影响甘州区农民用水户协会参与式水资源管理过程效用的因素包括：协会成立后赋予协会成员的各项参与权（如选举代表及执委会成员的权利，制定和修改所在灌区、村协会及其各项管理制度的权利，对所在灌区、村协会水管理和财务重大决策表决的权利等）和协会成员参与水管理实际活动的权利（如参与各类选举活动、各类会议，会议发言，对各类管理信息了解与反馈等）。

依据上述民主参与过程效用测量方法的分析，本研究提出以下假设并加以实证：因享有参与式水管理的过程效用，甘州区农民用水户代表比普通用水户具有较高幸福感。普通用水户虽然没有真正享有直接参与权，但享有参与式水管理的结果，因此本研究将普通用水户作为参照组，将用水户代表作为作用组，采用双重差分法和有序 probit 模型测量甘州区农民用水户协会参与式水管理的过程效用，并辨析其影响因素。

二、数据获取方法与途径

本节以甘州区全体农民用水户协会成员为研究对象，为保证抽取样本具有代表性，研究采用多级比例随机抽样与分层随机抽样相结合的方法（袁方，2004），通过问卷调查收集、研究甘州区农民用水户协会成员参与式水管理效用相关数据信息。具体抽样时，先以灌区为基本抽样单元进行第一阶段抽样，随机选出 4 个灌区，然后按每个灌区的用水户规模比例随机选出相应比例的村，各村按分层抽样的原则分别抽出普通用水户样本个体、普通用水户代表。根据袁方（2004）推荐的方法，在设置置信度为 0.95、允许误差为 0.05 情况下，研究所需的样本量

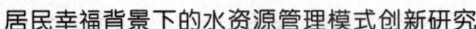

为267。假设可能存在10%左右的无效问卷，实际发放问卷300份。调查中，实际回收有效问卷282份，有效回收率95%。其中，普通用水户217份，用水户代表65份。调查样本规模与结构符合数理概率统计推断的样本要求。调查后，对样本进行评估，样本结构与总体结构具有很大的一致性，表明样本对总体有很好的代表性。

三、结果计算与分析

（一）数据的描述性分析

表6-2中，根据样本数据初步统计看，当前甘州区农民用水户协会成员平均具有中等偏上生活满意度（即幸福感），均值为6.854，比协会成立前提高了1.326点。无论是协会成立前还是成立后，用水户代表平均生活满意度都要高于普通用水户平均生活满意度，分别高出0.459和1.103点。将普通用水户代表作为作用组，以普通用水户成员作为参照组，采用双重差分法估计，甘州区农民用水户协会参与式水管理的过程效用显著，其值为0.644。这一结果也可能受两组个体其他人口与社会经济学特征变量的影响。为此，需要采用回归分析法对这一结果的稳健性进行检验。

表6-2　甘州区农民用水户协会成员生活满意度描述性统计

样本类型	协会成立前	协会成立后	差　异
样本整体	5.528 （0.24）	6.854 （0.21）	1.326 （0.38）
普通用水户	5.384 （0.37）	5.762 （0.31）	0.376 （0.43）
用水户代表	5.843 （0.15）	6.865 （0.12）	1.022 （0. 46）
差异（用水户代表—用水户）	0.459	1.103	0.644

注：括号内数值为样本方差。

（二）过程效用稳健性检验

为检验上述过程效用统计结果的稳健性，这里采用双重差分估计扩展模型，纳入年龄、性别、健康等个体特征因素以及收入等经济因素进行回归。为估计过程效用大小，纳入一个变量，即参与指数与普通用水户结合的交叉项。参数估计采用有序 probit 似然估计法，运用社会科学统计软件 SPSS 19.0 进行回归分析，结果见表 6–3。

表 6–3　过程效用计量分析（因变量为生活总满意度）

	采用有序 probit 模型		
	系　数	t 值	边际效用（分值为 10）
参与指数（P_i）	0.086**	3.89	0.030
P_i^* 用水户协会代表	0.054*	2.48	0.022
普通用水户	–0.032	–0.32	–0.015
人口学特征变量			
性别：女性	0.033	1.46	0.012
年龄：30–39	–0.075	–1.37	–0.032
年龄：40–49	–0.012	–0.29	–0.003
年龄：50–59	–0.007	–0.18	–0.004
年龄：60–69	0297**	3.57	0.107
年龄：70–79	0.357**	3.78	0.135
年龄：80 岁及其以上	0.346**	3.61	0.132
健康状况：不健康	–0.429**	–5.83	–0.134
中等受教育水平	0.068*	2.25	0.023
高受教育水平	0.045	0.89	0.015
月平均收入水平（元）			
2 000–3 000	0.065	1.69	0.029
3 000–4 000	0.121*	2.57	0.041
4 000–5 000	0.259**	3.64	0.092
5 000 及以上	0.184**	3.49	0.059
观测量	282		
Prob > F	0.005		

注：参照组分别为 30 岁以下年轻人、男性、健康人、低受教育水平者、月平均年收入少于 2 000 元的低价收入者。显著水平："*" $0.05 < p < 0.10$；"**" $p < 0.05$。

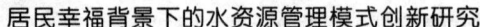

如表 6-3 所示，无论甘州区灌区农民用水户协会参与式水管理的过程还是参与式水管理的结果均产生了相当大的幸福效应。参与指数项（participation index，P_i）系数为 0.086，表明甘州区灌区农民用水户协会水资源参与式管理对农民用水报告的生活满意度总影响为正。这种正效应可归因于甘州区农民用水户协会成立后用水户协会代表参与水资源管理的过程和结果两方面的效用。第二行交互项系数为 0.054，揭示了用水户代表与普通用水户效用相比，从参与式水管理的过程中获得净幸福效用；正的系数表明作用组（用水户代表）比参照组（普通用水户）从农民用水户协会参与式水管理过程中获得了正的净幸福效用。这一结果与前面假设及描述统计结果一致。

如果设定甘州区普通用水户不能获得水资源参与式管理的任何过程效用，但可以获得其结果效用，那么对比交互项变量系数（反映过程效用）与参与指数项变量的系数（反映水资源参与管理总效用），可比较过程效用与结果效用的相对大小。如表 6-3 所示，由甘州区灌区水资源参与式管理产生的总效用中，近 $\frac{2}{3}$ 由过程产生，$\frac{1}{3}$ 源于结果。

边际效应可充分解释这些效应的大小。边际效应表明，当自变量增加一个单位时，属于某满意度水平的人数比例的变化。就哑变量的情形看，边际效用的评价是与参照组比较。为简化起见，表 6-3 仅给出了对最高生活满意度（分值为 10）的边际效应。由表 6-3 可知，当参与指数增加 1 点时，最高生活满意度的人数可提高 3.0 个百分点。

此外，除参与水管理外，性别、年龄、收入、教育等因素对甘州区农民用水户协会成员的幸福感也具有较显著影响。平均状况看，女性比男性有较高的幸福感，其系数为 0.033；年龄为 70–80 岁之间的老人幸福感普遍比其他年龄段人群高，其系数为 0.357；月平均收入为 4 000-5 000 元阶段人群要比其他收入阶段人群高，其系数为 0.259；而受高等教育的并未表现出比受中等教育的人具有较高的幸福感，前者系数为 0.045，后者系数为 0.068。

第七章　居民幸福背景下的水资源管理模式研究——以文化福利为例

水不仅是重要的经济资源，满足着人们的生产生活需要，也是人类重要的文化源泉，一直滋养着人类的精神，对人类有着重要的精神文化价值。水文化是历史时期人水互动过程中由人创造的与水有关的文化，它包括人们对水的认识和感受、管理水的方式与社会规范、对待水的社会行为及治水、用水的物质结果等。优秀的水文化彰显着人水和谐关系，对提升居民幸福水平具有重要意义，需要加以传承和发展。但在物本主义和消费主义盛行的当代，人们更多地关注水资源的经济价值和直接消费，对水文化价值重视不够，开发、管理不足。今后，随着人类物质消费在一定程度上的满足和精神文化需求的兴起，人们对水文化特别是精神方面的文化需求将会显得日益重要。因此，有必要加强传统与当代水文化的研究。

第一节 水资源文化福利管理价值功能分析

水不但作为一种自然物质资源维持着人类的生存与发展，而且作为一种客观存在——水景观对人类精神文明的进步发挥着重要作用。认识水的这种作用对于全面系统地开发、管理水资源，增进人类福祉，提高居民幸福水平具有重要的现实意义。水景观的文化价值是指自然水体在与人类互动过程中，提高人的认知水平与改善人的精神状态，进而增进人的幸福感的作用。水的文化价值功能可从审美、欲望表达、道德认知及人水和谐关系四方面进行概括（蒲晓东等，2009）。

一、直接的审美价值

水作为一种景观或观赏对象，具有极高的审美价值，历来是人们的重要的审美对象。概括起来，水景观具有形、色、声、态等多方面的美学功能，能够直接引发人丰富的美感，激发人的各种情致。通过水景观观赏，能够使人获得多方面的审美享受（尉天骄，2007）。

水景观是指以自然水体为主构成的景观。水景观的构成不仅包括水体本身，还包括以水体为核心的自然附属物和人工构筑物。具体来说，水景观包括三方面内容：一是自然景物，包括水面的波纹、岸旁的芦苇、河岸上的树木、闲适的小鸟、和煦的阳光等；二是人造景物，包括堤防、护岸、沿河的建筑、桥梁等景观；三是人与文化，即被作为观赏对象的在河流空间中活动着的人及其构成的景观，包括人的活动、节庆活动的开展及与之相关的人文活动（吴宜先等，2007）。水景观不同组分在水景观构景中的地位和作用不同。如水体是构成水景观的主角，也是水景观中的核心要素；桥梁主要是实现对水景观的跨越，起到了联系两岸交通、汇集人流、分隔水面空间、提供交往观景空间等作用。另外，桥自身也是一种水上视觉中心，常常是人们认知环境的主要参照物。

水景观的审美价值在于其形、色、声。水体往往随物赋形，其形态千变万化，具有不同的审美价值。宽阔的水面给人壮阔浩渺之感；蜿蜒前行的小溪给人柔美之感；飞流直下的瀑布，给人以雄、险、奇、壮之美感。水本身是无色的，但是透入水中的光线，受水中悬浮物及水分子的选择吸收和选择散射等作用，则可呈现出千娇百媚的色彩，构成水景美的重要内容。水体运动波浪之间或与周围岸壁相击会发出声响，这种声响声韵或浑厚，或清脆，或富有节奏，往往给人以听觉上美的享受。此外，岸边的山、石、树、花乃至白云、蓝天、桥梁、建筑等，都会在水中映出倒影，形成缥缈、轻盈、灵动的水影美。所有这些都能给人以美的享受，引发人的愉悦感。

二、艺术创作的题材

水是人们表达理想和愿望的重要载体。山水画作、山水诗文是我国重要的艺术种类。艺术家以山水为艺术创作的对象和载体，表达对山水美的追求，以寄情于另类山水。从本质上讲，对山水艺术的欣赏是对渗透了人文情怀的自然山水的间接审美。

山水画是作者将大自然山水美景融入自己的感情并通过艺术的手法表达出来的画作，其特征是有景有情，情景交融。山水画作引领欣赏者浏览其间，体察其中，为之怡情，为之陶冶，达到情绪的放松、心灵的整合。有明确的意境是山水画的另一特色：优秀的山水画能够表达作者某种意境，或亲近自然，或回归自然，或与大自然合一，并使欣赏者产生身临其境感，在潜移默化中陶冶情操、净化心灵，达到物我两忘的精神境界。

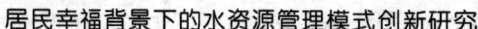

山水诗是指描写山水风景的诗。虽然诗中不一定纯写山水，亦可有其他的辅助内容，但是总要呈现作者耳目所及的山水状貌声色之美。好的山水诗总是包含着作者深刻的人生体验，不单是模山范水而已。如朱熹名作《活水亭观书有感》中“问渠那得清如许，为有源头活水来”一句，以理势入诗，兼有教化和审美的双重功能，让人感悟出运动和革新对生命的价值，鞭策和激励读者要不断地自我革新，以保持自己的生命力。又如，李白的《宣州谢朓楼饯别校书叔云》中“抽刀断水水更流，举杯消愁愁更愁”一句，以水喻愁，表达了作者与友人离别无法割舍的情绪，使读者能深切地感知友人之间的深情厚谊。可见，山水承载着古人与今人的情思，通过品读山水诗可丰富人的情感世界，提升人的精神品质。

三、启迪人类智慧

在人与水长期相互的作用过程中，人类不仅直接利用水资源，更从水身上感悟着诸多智慧。水在自然界中的直观运行状态和规律直接启迪着人类智慧。

我国道家讲究道法自然，从自然界中汲取人生智慧，遵从自然法则。《道德经》中“水善利万物而不争，处众人之所恶，故几于道”“天下莫柔弱于水，而攻坚强莫之能先，以其无次易之也”等充满哲理的话语，表明水如同一位辨证哲人，启迪着人类智慧。“上善”的智慧当如“若水”之柔中有刚，刚柔一体；“上善”的智慧当如“若水”之随机应变。水以不变呈万态，“大道似水”。《庄子》云：“水之积也不厚，则负大舟也无力”，启发人们厚积学问、修养高深才可担大任。“从水之道，而不为私焉”，意思是水自有水流之道，并不需要自己的意志，启发人们顺势而为，无须娇作便可有所为。

儒家提出“仁者乐山、智者乐水”的论断，可以说水启迪了人类灵活变通的智慧。“智者”的智慧当如水之灵活。若藏于地下则含而不露，若喷涌而上则清而为泉；少则叮咚作乐，多则奔腾豪壮。水处天地之间，或动或静。动则为涧、为溪、为江河；静则为池、为潭、为湖海。水遇不同境地，显各异风采。经沙土则渗流，碰岩石则溅花；遭断崖则下垂为瀑，遇高山则绕道而行。“智者”的智慧当如“乐水”之灵感，时间如流水，需要珍惜，“子在川上曰：‘逝者如斯夫’”。百姓如江水，为官要慎笃，《孔子家语》云：“夫君者舟也，庶人者水也。水所以载舟，亦可以覆舟”。

四、陶冶人类情操

许多哲学家、伦理学家结合自身认知与理解，通过对水与水景观特征的阐释和引发，抽象出哲学与伦理学的文化因子（余达淮等，2008）。水“润万物而不争”，启迪了人的德行；“滴水穿石”启迪和强化人类坚毅的品格。水是儒家文化的人格载体。

孔子比德于水，认为水有似与人君子的德、义、道、勇、法、正、察、志、善化九德。《孔子家语·三恕》记载：“孔子观于东流之水，子贡问曰：‘君子所见大水必观焉，何也？’孔子对曰：‘其不息，且遍与诸生而不为也。夫水似乎德，其流也则卑下，倨邑必循其理，此似义；浩浩乎无屈尽之期，此似道；流行赴百仞之嵠而不惧，此似勇；至量必平之，此似法；盛而不求概，此似正；绰约微达，此似察；发源必东，此似志；以出以入，万物就以化洁，此似善化也。水之德有若此，是故君子见，必观焉’。”意思是说，那流水浩大，普遍地施舍给各种生物，好

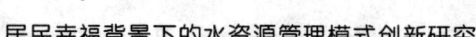

像德；它流动起来向着低的地方，弯弯曲曲，遵循着向下流动的规律，好像义；它浩浩荡荡没有穷尽，好像道；如果有人掘开堵塞物而使它通行，它随即奔腾向前，奔赴上百丈深的山谷也不怕，好像勇敢；它注入量器时一定很平，好像法度；它注满量器后不需要用刮板刮平，好像公正；它柔软得所有细微的地方都能到达，好像明察；各种东西在水里出来进去地淘洗，便渐趋鲜美洁净，好像善于教化；它千曲万折而一定向东流去，好像意志。所以，君子看见浩大的流水一定要观赏它。

“上善若水”是最高境界的善行，做人就要像水的品性一样，泽被万物而不争名利。在观赏水、体悟水的精神品格中，人们的道德修养也会在潜移默化中得到提升。

总之，与能够给人类带来物质产出和经济效益的经济价值不同，水的文化价值主要指水对满足人类审美、知识和精神满足的功能。这种功能的实现是在人与水的密切互动中，通过人的体验和感悟获取的，体现了人，水更为深层次的情感关系。而水的文化价值是基于水的客观属性经人格化的认知、感悟被创造出来，进而得到传播和实现的。如“上善若水”一旦被创造出来成为文化符号，就具有了对社会人群从善的教育功能；“滴水穿石”一旦被认同，就会促进人坚毅品格的培养。水的文化价值一旦被创造出来，可以传播和扩散，可以穿越时空界限，进行交流、继承和发扬光大，从而影响和教化更多的人。

第二节　水资源文化福利管理原则及措施

水文化是一种在人类社会中客观存在且博大精深的文化，关系到人类可持续发展与永续幸福。因此，以提升和维持人类可持续幸福为最终目标，以化解当代的水危机和维持水资源可持续利用、保持良好水环境为着眼点，有必要对水文化加以发掘、传承、发展以及有效管理。

一、水文化福利管理的基本原则

（一）保护与传承原则

水文化福利功能是以水体与水文化的客观存在为基础的。首先，有必要保护好各类水体的存在，防止其枯竭和水质恶化。水文化是在人水互动过程中由人创造出来的，但离开了水，水文化就失去了其存在与发展的根基。如果黄河水枯竭断流了，就不会有李白的千古佳句“黄河之水天上来，奔流到海不复回”；如果西湖的水污染了，就没有苏轼的妙句“欲把西湖比西子，淡妆浓抹总相宜”。其次，要保护和传承好各种形式的水文化，让“惜水”“爱水”“护水”思想深入人心，让优秀的水文化历史脉络得到延续。

（二）活化与更新原则

所谓水文化活化，是对水文化进行适应性开发管理，使水文化更好地融入当代人的生活，并得到人们的认可，使人们在与传统水文化互动中增长知识、增添智慧、丰富心灵。水文化只有保持活态，才能有无尽的生命力，水文化保护才能有效。对水文化的保护与传承并不是要对传统水文化不加甄别地全盘接受，而是要在传承中根据时代要求和自然、社会经济条件的变化加以丰富和发展。在当前发达的商品经济时代，人类用水已远超过自然水体可更新的速度，原有节水制度已经不能满足保护水资源的要求，建立“总量控制、定额管理”用水制度，对于形成当代的人水和谐关系就显得十分必要。

（三）参与与共享原则

水文化本身是由广大劳动人民在人水关系互动中共同创造、分享和传承的，因此在水文化的保护、管理与发展中理应保证公众的参与和共享。通过广泛宣传水精神文化，不断总结和传播劳动人民在实践中形成的新的水思想文化，使公众得到精神滋养，达到水精神文化的共创共享；对传统爱水、节水、护水、亲水等体现人水和谐关系的优秀水文化习俗要加以保护和发扬，使当代人形成良好的惜水、护水习惯；对体现节水、护水和公平用水的传统水管理制度应加以吸纳，对体现可持续发展思想的各地水管理制度应加以积极推广；对于传统物态水文化及其所体现的科学技艺再加以挖掘和保护，使其继续为当代人所用，同时积极调查、总结、推广、应用当代人在实践中创造的物态文化及其先进技术，造福全人类。

二、水文化福利管理的措施

（一）保护、发掘与整理传统水文化

人类历史上积淀的水文化遗产非常丰富，但在科技突飞猛进、生产生活方式急剧变革的今天，诸多优秀传统水文化遗产面临失传甚至毁灭的危险。因此，为使传统的水文化遗产造福当代人类，必须对传统水文化遗产进行挖掘、整理、保护，摸清传统水文化遗产的家底，认真梳理传统水文化遗产的科学内核，切实保护和利用好各种物质的和非物质的水文化遗产。这需要做好以下几个方面的工作：首先，整编、分析与共

享水利文献与档案，即采集、整编水利文献与档案，分析、挖掘其中蕴含的水文化价值，借助科技手段实现全民共享。其次，对现实的水文化遗产进行调查入库，即要对现实民间流传的水文化习俗、思想、约规、工程器具的分布、数量、规模等情况进行梳理与分析，并建立水文化遗产数据库。再次，对有价值的水文化遗产进行保护和利用，即在分析当前水文化遗产现状与问题的基础上，根据其价值，探讨、制定保护对策和活化利用规划。最后，实现传统水文化的共享，即通过传统水文化宣传教育，展示传统水文化的魅力，让更多的公众认识、接受传统水文化所传达的思想文化。

（二）总结、利用当代水文化

自20世纪七八十年代可持续发展思想与人本发展理念提出以来，针对当前人类面临的水环境危机，国际社会提出、创造了诸多符合可持续发展理念的先进的用水、管水思想，如需水管理、集成水资源管理思想，我国也提出了民生水利的概念，这些都是当代水文化的重要内容。对这些思想所包含的核心理念、本质特征和实践要求要深入把握，从满足人们日益增长的物质和文化需求、改善人水关系的角度加以推广与运用。与此同时，要不断深化和总结对现代水循环规律、用水管水规律的认识，不断丰富现代水文化，把治水实践中的新认识、新做法、新经验升华为文化层面的认知，促进社会公众对可持续发展治水思路的理解与支持。

（三）加强水文化理论研究

水文化在当代的应用，需要运用科学的方法和先进的价值理念进行系统梳理和理论化，把握其精神内核，以便更好地满足时代需要和促进人类生存发展。首先，要注重总结、归纳人民群众在水文化建设中的实践成果和经验，加强对传统治水理念、治水方略、治水措施的研究，从中提炼科学的文化内核。其次，要进一步对水文化的研究对象及相关问题进行系统的学术探讨和理论建设，对水文化的一些基本概念、基本观点和体系构成进行系统的梳理和分析、研究，力争在理论上有所突破。再次，要围绕水文化体系建设，分层次、分领域地广泛开展水文化研究活动。一是深入开展水行业系统内各领域的水文化研究，如水文文化、水利规划设计文化、水利科研文化、水工程建设文化、水利工程管理文化、水利组织文化等专业领域的具体研究；二是深入研究关系水利发展的各种非物质性因素，包括治水思路、治水理念、治水方略、制度设计、价值取向等，不断丰富完善可持续发展治水思路和民生水利的科学精神及文化特征，为推进传统水利向现代水利、可持续发展水利转变提供先进文化支撑。

（四）加强水文化的教育、宣传和交流

要想更好地服务于公众，实现水文化的共创共享，必须强化水文化的宣传教育和交流。这需要做到以下几点：把水文化教育纳入常规教育系统，通过课程教育使国民从小就能受到传统水文化的熏陶，树立正确的水意识；通过水文化专题培训，使水行业的从业者树立文化自觉和自信意识，提升水行政管理能力、社会公共服务能力和自身的业务水平；在全社会进行节水、爱水、护水、亲水教育，发挥先进水文化的引导功能和自律意识；借助多种媒体手段，传播优秀的传统水文化知识，创造和宣传新的水文化；在宣传活动中提高水务人员与公众的互动能力和群众参与度，增进全社会对水和水利工作的了解；加强水行业水文化建设交流，及时总结各国各地水文化建设经验，沟通信息，互相借鉴，丰富和发展各种的水文化内容；积极参与国际水文化活动，加强世界先进治水思想、先进治水技术、先进管水经验交流，从中先进的治水理念和文化思想，吸收借鉴世界各国优秀文化成果。

第三节　水资源文化福利管理福利功能探究

水是人类赖以生存和发展不可或缺的自然资源。鉴于水对人类具有从物质到精神多层面价值意义，在长期密切的人水相互作用关系过程中，不同国家或民族的人们创造并积淀了丰富、灿烂的与水相关的文化成果，学界将其称为水文化遗产。挖掘和传承这些水文化成果，对于丰富当前人类对人水关系的认识，建立和谐的人水关系，提升居民幸福水平具有重要的现实意义。

一、水文化概述

（一）水文化的基本概念

水文化有广义和狭义之分。广义的水文化是人们在社会实践中，以水为载体，创造的物质财富与精神财富的总和；狭义的水文化是指与水有关的各种社会意识，如与水有关的社会政治、哲学思想、科学教育、文学艺术、理想信念、价值观念、法律法规、道德规范、民风习俗、宗教信仰等意识形态（郝宗康，2004）。

（二）水文化的结构要素

作为一种重要的人类文化类型，水文化具有一般文化所具有的结构。从其内在构成上看，水文化包括精神层面的水文化、行为层面的水文化、制度层面的水文化以及物态层面的水文化（郑晓云，2013）。

1.精神层面的水文化要素

精神层面的水文化要素是指人们对于水的认识、理解、价值观、审美情趣、思维方式、感悟与感情，通常体现为与水相关的思想认同、宗教信仰、文学艺术等。精神层面的水文化是水文化的核心部分，影响甚至决定着人类其他类型水文化的创造。

在中国传统文化中，水被认为是万物之源，自古就有“水生世界”的哲学观点。先秦时期的管子曾说：“水者何也？万物之本原也，诸生之宗室也，……”（《管子·水地》）鉴于水对农业社会的基础性作用，我国历代统治者都有重视“水利”的思想，认为“水”和“水利”是国家兴盛的基础。公元前109年，司马迁在跟随汉武帝参加黄河堵口以后，在历史上第一次提出了“水利”概念，明确指出水利在社会经济发展中的重要地位，并感慨万分地说：“甚哉！水之为利害也”。（《史记·河渠书》）清康熙名臣慕天颜认为，“兴水利，而后有农功；有农功，而后裕国”（靳怀堵，2005）。近现代以来，人类对水的认识进一步深化。“水是生命之源、生产之要、生态之基、文化之脉”，代表了当代人类对水价值更为深刻而普遍的价值认同。

在处理人水关系上，我国先民还形成了“崇水为上，人水和谐”的价值观。“和”是中华传统文化的核心和精髓，在水文化领域无不渗透着“和”的思想。西汉末年，贾让深入研究水利后提出了“不与水争地”的思想。我国古代建城理论中就有“依山者甚多，亦须有水可通舟楫，而后可建”以及“凡立国都，非于大山之下，必于广川之上”（《管子·上篇·乘马》）之说。周朝公刘选择都邑时“相其阴阳，观其流泉”（《诗·大雅·公刘》），表现出对水源的高度重视。当前，在实施最严格的水资源管理制度下，“以水定产、以水定城、以水定人”等思想，体现了当代人们对人水和谐关系的高度认可。对水的治理，传统水文化坚持辩证思维，特别强调整体性和综合性，认为“治河之法，当观其全”（谭徐明等，2003）。明代潘季驯领导治黄，强调综合治理，全面规划，治水与治沙相结合，并提出了解决黄河泥沙问题的三条措施：束水攻沙、蓄清刷黄、淤滩固堤（王化云，1989），改变了历来治黄实践中重治水轻治沙的片面倾向。

我国古代思想家还善于“以水为师”，从水性和治水活动中得到修身、养性、处世之道，并升华为治国安邦等博大精深的思想文化。孔子受鲧禹父子治水启发，提出“中庸”的方法论。老子怀着对水的无限景仰，赞叹“上善若水”(《老子·道德经》)。管子从水的特征上看出了人的品行和为政奥妙，指出“卑也者，道之室，王者之器也，而水以为都居”(《管子·水地》)。荀子曾说：“不积跬步，无以至千里；不积小流，无以成江海”(《荀子·劝学篇》)。哲学家以水论事、以水喻理、以水明志的精辟论见，堪称华夏文化的思想宝藏。古人不仅以水为师，向水学习，还寄情于水，赞水咏水、喜水乐水。细数中国山水文化中关于山水的书画、诗作等，无不表达出作者对山水喜爱之情，寄托作者的某种情思。“水光潋滟晴方好，山色空蒙雨亦奇。欲把西湖比西子，淡妆浓抹总相宜。”（苏轼《饮湖上初晴后雨二首·其二》）这首诗前一句写实，描写西湖的晴姿雨态、湖光山色之美；后一句则虚写，以古代美人西子比喻西湖，表达了作者对西湖的无比喜爱和赞美之情。

2. 制度层面的水文化要素

制度层面的水文化要素是指人类在利用水、管理水、治理水过程中形成的社会规范与社会习俗。我国古代的水制度是由国家的正式制度和以乡规民约为主的非正式制度相互补充构成。（张允等，2009）。学习这些水制度，对我国当前水问题的解决有着深刻的现实意义。

在我国先秦至秦汉时期，虽然还没有正式的水制度，但统治者已意识到水事管理的重要，建立正式的水事管理机构，并有明确的职责（刘伟，2005）。相传，早在舜的时候，就令伯禹做司空，专门负责水利；春秋时期，《管子·度地篇》详细记载了当时水官的具体职责、施工、组

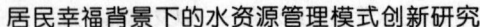

织形式和分工等；战国时期，设有专门的管理机构“司空”；秦朝时期，设置了“都水”作为专门水事管理机构。另外，先秦至秦汉时期也出现了相关水制度的萌芽。早在西周时期颁布的《伐崇令》中就明令禁止填水井，以保护居民日常引用水源；战国时期十分重视水利工程的维护、维修，李冰父子负责都江堰水利工程后，确立了一年一度对渠首工程进行维修的制度，即“岁修”程历经两千多年仍可发挥重要作用；秦朝时期，制定法度保护水资源的法律集中体现在《田律》中，实施降雨田亩收益或受损报告制度和水道禁堵制度；西汉时期开始制定并不断完善水权法律制度，颁布了《水令》等用水制度，主要明确了用水的先后次序、灌溉用水分配。

隋唐至宋元时期水制度进一步完善和规范。隋炀帝时期设立了水部郎一职，隶属工部专司水利事务，并沿用至清。盛唐时期，在中央设置了水部和都水监，在地方上也设置了配套的机构，它们同为水利管理部门，但二者的性质不同。水部是主管“水流立法及水流行政”的政务部门，都水监是“监督巡视水流行政”的事务部门，两者相辅相成，共同构成了 国家水利管理的核心。唐朝颁布的《水部式》，是我国古代比较系统的水行政管理专门法典，内容十分广泛，涉及农田水利管理、水碾设置、用水量的规定、水事纠纷的协调和奖惩、运河、船闸、桥梁的管理和维护等，标志着我国历史上第一部真正意义上的“水法”的诞生。其中，进一步明确了用水的先后顺序：灌溉最先，航运次之，水磨最后；确立了分水、量水、节水制度：“凡浇田皆仰预知顷亩，依次取用。水遍即令闭塞，务使均普，不得偏并”“若灌溉周遍，令依旧流，不得因年弃水”“决泄有时，畎浍有度，居上游者，不得拥泉而颛其腴；每岁少尹一人行视之，以诛不式”。元朝时，《用水则例》记载了刑罚之法：“若有违反水法多浇地亩，每亩罚小麦一石，……如系不作夫之家，每亩罚小麦一石，兴工利户每亩五斗。”

明清水权制度继承了以往朝代水制度的主要内容，但更加具体，而且可操作性强。其中，黄河流域水使用权取得的基本原则是：有限度的岸渠权利原则、兴夫使水原则、均平原则、水随地移原则等。在灌区微观管理方面，少有国家专门法规颁布，制度以乡规民约为主，依靠道德和宗族力量来维持，汾、渭流域灌区实现了选举和民主管理。灌区内用水顺序进一步明确：从空间和用水主体上，“自下而上，挨次浇灌”“自上而下，各节不同日”“一年自上而下，一年自下而上”“并排浇灌”“轮流浇灌”“换浇灌”，一旦次序确定，一般不予变动；从用水类型顺序上，依次为航运、灌溉、水能利用（见《洪洞县水利志补》）。在灌区用水权属方面建立“水册”制度，即在官方的监督下，由渠道用水户在渠首主持下进行“按地定水”的水权分配登记制度，类似与今天的“水权许可证登记制度”。清时，还出现了地权与水权分离和水权交易，即水资源的使用权可以独立于地权而进入买卖的过程，刘屏山《清峪河和龙洞渠记事》中记载，“买地带水，书立买约时，必须书明水随地行”。

3. 行为层面的水文化要素

行为层面的水文化要素是指人们对待水、利用水的行为模式。具体来说人们对待水的行为习惯包括三方面。

（1）择水而居，以水为邻

水是人类最基本的生存条件之一。人类在居住方面非常注重周围水环境的选择，早期人类聚落几乎都是临江滨河而建，并最终发展成为人们的自然亲水行为，我国历史上著名的七大古都——安阳、西安、洛阳、开封、北京、南京、杭州都位于江河之滨。我国居民在选择居住地方面自古就讲究风水，如“吉地不可无水”“无水则气散，无水则地不养万物”“风水之法，得水为上，藏风次之”。

（2）亲水娱水，以水为乐

水行为文化体现了人们以水为俗、以水为嬉、以水为景的审美取向。在近水生活的人群或与水有亲密关系民族中，还常表现为以水为对象或载体举行一些活动。这种亲水、娱水的活动经过长时间的发展，逐渐演变成固化为民俗。比如，浙西一带除夕守夜到半夜时分，人们便出门悄悄挑回一担新水，俗称“天地水”，并用此水煮“天地饭”，祭祀天地，祈求新年万事如意。类似的民俗节日，还有泼水节（傣族、阿昌族）、沐浴节（藏族）、春水节（白族）、汤泉诗会（傈僳族）等。当前，人类亲水行为更是发展出种类繁多的水上娱乐项目，如龙舟竞、划船、冲浪、滑冰、滑雪、游泳、跳水、溜冰等。总而言之，以水作为审美对象，“游山玩水”，从古至今一直是人们欣赏大自然、品味大自然的重要内容。

（3）节水护水，人水和谐

古代先民早就认识到水资源的重要性和有限性，非常注重节约用水，保护水资源。我国北方缺水地区，许多家庭一直保持着“一水多用”习惯，凡涮锅、做饭、洗漱等用水都不许浪费，或喂家畜家禽，或浇菜浇树等。南方纳西族还有“三口”习俗，即小孩洗脸不准超过三口水，以节约用水；在日常生活中禁止向河流吐痰、丢垃圾、倒脏水，更不能大小便，否则就会受到谴责。我国二十四节气中多有以水为名，如“雨水”“谷雨”等，并在这些节气因时进行特定的充分利用水的农业活动，如“谷雨前后，种瓜点豆”。这体现了古时人们认识和利用水循环规律的行为习惯。

4. 物态层面的水文化要素

物态层面的水文化要素是指人类在使用水和治理、改造、美化水环境历史进程中形成的具有文化内涵和象征意义的物质建设结果，被称为水利物质文化遗产。物态水文化大体可分为水利开发工程设施（水利工程）和用水设施设备与器具。前者包括水渠（含运河）、桥梁、大坝、水井、综合水利枢纽等，后者包括舟船、水车辘轳等，它们展现了人类不同历史时期水利建设状况，充分体现了先辈的伟大智慧和创造精神，是人类历史遗产的重要组成部分。

（1）水利开发工程

水渠是古今中外人类创造的最为普遍的物态水文化，通常起着引水灌溉、航运（如运河）、护卫（护城河）等功能。人类早期开凿的水渠主要用于灌溉。如我国战国末期关中地区修建的郑国渠，设计合理、技术先进、工程浩大，引泾水灌溉面积达百万亩，其主干渠一直沿用至今，2016 年被纳入世界灌溉工程遗产名录。20 世纪 60 年代修建的红旗渠位于河南省林州市，蜿蜒于太行山脉悬崖峭壁让，被称为“人工天河”。类似的灌溉水渠系统还有国外位于阿曼内地省和南巴提奈省境内的世界文化遗产阿夫拉贾灌溉水渠系统与位于西班牙塞戈维亚古城的古罗马水渠等。运河是人工开凿的联系不同流域水系的渠道，主要用于航运，兼具灌溉、分洪、排涝、给水等功能。位于我国广西壮族自治区兴安县境内的灵渠，竣工于公元前 214 年，连通湘江和漓江，是世界最古老的人工运河之一，被誉为“世界古代建筑的明珠”。我国京杭大运河南北纵贯，连通我国五大水系，是当前仍在使用的世界上里程最长、工程最大的古代运河，对中国南北地区之间的经济、文化发展与交流，特别是对沿线地区工农业经济的发展起到了巨大的推动作用。

大坝通常是为开发河流水力资源而修建的拦河现代水利工程。大坝通过拦蓄河水，可实现发电、防洪、灌溉、航运、养殖、观赏等多种功能。世界著名的大坝包括我国长江三峡大坝、美国的科罗拉多河胡佛大坝、巴西的巴拉纳河伊泰普大坝、埃及的尼罗河阿斯旺大坝等，这些大

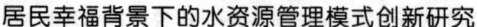

坝彰显了人类利用现代科技控制、利用自然资源的能力。埃及修建的阿斯旺高坝控制了尼罗河每年的洪水，保护了下游居民和农作物，使千万亩农田得到灌溉，改善了上下游通航能力，提供了大量电力，最为重要的是阿斯旺水库根除了埃及频发的旱涝灾害。我国的三峡大坝是当今世界上综合效益最大的水利工程枢纽。三峡水电站总装机 1 820 万千瓦，年平均发电量 846.8 亿千瓦时，是世界上最大的电站；三峡水库总库容 393 亿立方米，防洪库容 221.5 亿立方米，水库调洪可消减洪峰流量达每秒 2.7–3.3 万立方米，能有效控制长江上游洪水，保护长江中下游荆江地区 1 500 万人口、2 300 万亩土地；三峡大截水后，回水可达上游重庆市，改善航运里程 660 千米，年单向通航能力由 1 000 万吨提高到 5 000 万吨。三峡大坝水利工程在中国乃至世界可持续发展中都具有重要的战略意义，是世界水利发展史上的标志性工程。

水井是人类另一类发明久远且至今广为使用的、以开发地下水资源为主的竖向水利工程。中国已发现最早的水井是浙江余姚河姆渡古文化遗址水井，距今约 5 700 年。至今历史遗留下来的水井仍不计其数，其中始于西汉修建于我国新疆山麓地带的坎儿井独具特色。坎儿井由竖井、地下暗渠道、地面渠道及储水池构成，开凿和截取山麓、冲积扇的地下潜水资源，用于农田灌溉和居民生活，有效降低了干旱区炎热风大造成的水分蒸发，并巧妙利用山地坡度实现了渠水自流，与长城、京杭大运河并称为我国古代三项伟大工程。水井因开发的是丰富的地下水，能为人们提供稳定、相对清洁的水源而与人们的生产、生活十分密切。自从有了水井，人们定居的地方不再局限，可以远离江河，躲避水害，有了更大的生存与发展空间。在人类历史长河中，水井与人类生活关系之密切早已超越物质实用层面，渗透到人类的精神领域，成为一种代表家乡和乡愁的文化符号。“背井离乡”成为人们“故土难舍”的代名词。

桥梁是人们为了跨越一定的障碍物而修建的构筑物，在古时多是跨越一定水域的构筑物。《说文解字》中写道，“梁，水桥也”“桥，水梁也”（许慎，1991）。人类桥梁文化历史悠久，早在原始社会时期，人类就人类有目的地伐木为桥或堆石、架石为桥。据史料记载，中国在周代（公元前11世纪—前256年）已建有梁桥和木浮桥。至今人类历史上遗留下来的仍在使用的著名桥梁不胜枚举，如我国的赵州桥、广济桥、玉带桥、永济桥等，国外的有英国伦敦的塔桥、美国的金门大桥、澳大利亚悉尼海峡大桥等。这些大桥集实用性、景观性、标志性为一体，具有很高的使用价值、审美价值与科研价值，是人类水文化的重要组成部分。

水利枢纽是为满足多项水利工程兴利除害的目标，在河流或渠道的适宜地段修建的不同类型水工建筑物的综合体。在我国水利发展史上值得一提的是修建于战国时期的都江堰综合水利枢纽。都江堰水利工程位于四川省成都平原西部岷江之上，主要由起引水灌溉作用的宝瓶口、起分水作用的鱼嘴及起分洪减灾作用的飞沙堰三大工程构成。两千多年来，都江堰水利工程枢纽一直发挥着防洪灌溉的作用，使成都平原成了水旱从人、沃野千里的“天府之国”，是世界迄今为止，年代最久、唯一留存、仍在使用、以无坝引水为特征的水利工程。都江堰是在充分认识岷江水文规律基础上因势利导修建的水利工程，凝聚着中国古代劳动人民勤劳、勇敢、智慧的结晶。尽管都江堰建成后，每年枯水期，都要组织劳工对内江进行清淤疏浚，但比起其发挥的效益，微不足道。德国著名地理学家李希·霍芬考察都江堰后认为“都江堰灌溉方法之完善，世界各地无与伦比”。

（2）用水取水设施器具

人类用水取水的设施器具种类繁多，不胜枚举。其中，走舟船、水车和辘轳是古时人类最为典型的用水取水的工具或器具。

舟船是人们利用水的浮力和一定水域进行交通运输活动的工具。在石器时代就出现了最早的船，即独木舟，随后出现了有桨和帆的船，后来又出现了用蒸汽或柴油发动机提供动力的船，即轮船。随着人类造船技术的进步，舟船的材料、动力、结构和吨位都发生了很大变化，在人类交通运输中的地位仍然不可替代。水车是古代劳动人民发明的用于从低处河流提水灌溉的取水工具。水车形似古式车轮，由车轴、辐条刮板和水斗组成。辐条以车轴为中心呈放射状向四周展开，每根辐条的顶端各带一个刮板和水斗，刮板刮水，水斗装水。水车借着流水惯性或人力蓄力转动着辐条，水斗装满河水被逐级提升，临顶，水斗又自然倾斜，将水注入渡槽，流到灌溉的农田里。辘轳是古代劳动人民从水井提取地下水的取水设施，由辘轳头、支架、井绳、水斗等部分构成。辘轳充分利用轮轴原理提水，大大节约了体力。

需要说明的是，上述物态水文化不仅自身是水文化的一部分，其本身制造、使用过程中所采用的方法（即蕴含的技艺）也是水文化的重要内容，深刻体现了人们对自然界水体水文特征和规律的认知及和谐的人水关系，对当代人类开发利用资源具有很强的启发和指导意义。

二、水文化的福利功能

水文化的福利功能，是指水文化对于满足当代及后人们生存发展中多层面需要、进而愉悦人们的身心、提升人们幸福感所发挥的作用。

水文化特别是物态水文化为人类提供了用水之便，满足了人们基本的生存所需。人类历史上创造的诸多水利工程与设施至今仍在发挥着重要作用。如都江堰、坎儿井、京杭大运河、阿夫拉贾灌溉水渠仍对当地居民生产生活起着不可替代的作用。当代人类开发修建的水利工程设施与工具，更是为支撑人类经济发展和改善居民生活条件，提高人们幸福水平发挥着重要作用。这些水利工程所体现的人类智慧也将使人类在后续开发、利用水资源和控制洪水中受益无穷。

水文化特别是水制度文化有利于规范人类用水行为，建立起和谐、有序、可持续的人水关系及人与人之间的水利益关系。早期人类建立起来的节约用水、统一用水、公平用水等方面的水制度对协调当前日益严重的水资源稀缺和用水矛盾等问题都具有很强的借鉴意义。当前，我国实施的最严格的水资源管理制度，强调用水总量控制、合理公平配水、高效率用水，有望从根本上协调好人水关系与用水矛盾，实现对水资源的可持续利用。

水文化特别是行为层面的文化是联系人们情感的纽带，对满足居民的情感需求起着不可替代的作用。风俗文化由特定的社会群体共创、共享、共同传承，对特定的社会群体具有社会整合的功能，能够加强社会群体成员之间的情感联系。特定地域的社会群体在治水、用水、护水等过程中，以水为媒介，建立了各种联系，形成了共同的水认知和水习俗，而这些水认知和水习俗联系协调人际关系的重要纽带。如赛龙舟、泼水节等在娱乐中加强了人们之间的情感联系。

水文化特别是精神文化对于丰富人们的认知和精神世界，提升居民品格与精神境界发挥着重要作用。水精神文化反映了人类长期在水开发、水利用、水保护、水治理过程中形成的规律性认识，学习和传承这些水文化有利于居民加深对水资源与水环境及其开发利用的科学认知，从而更好地开发利用水资源。另外，前人形成的关于水的地位、水精神意蕴思想，如“水生万物”“重视水利”“上善若水”“人水和谐”的思想与价值观，对于丰富和提升当今居民的境界和幸福水平有着深远影响。

第八章　居民幸福背景下的水资源管理模式研究——以生态福利为例

生态需水管理既是现行可持续水资源管理的核心内容，也是幸福导向的水资源管理框架下环境福利管理的基本要求。在当前水资源日益稀缺、人类需水严重挤占生态用水的背景下，生态需水管理的关键是如何优化水资源在生态系统与人类社会经济系统之间的配置。从本质和终极意义上看，人类行为和社会经济发展的终极目的是满足人类基本生存发展需求和提高人们的主观幸福感。因此，作为基础性自然资源和战略性经济资源的水资源，其配置的最终价值导向理应发生转变和提升①：在保证人类基本生存需求和生态环境可持续的前提下更好地提高人们的幸福水平。可见，判断水资源在“生态—经济”部门间的配置优劣的最终标准，既不是最大化经济产出，亦非一味地增加绿地面积，而是在保证人类可持续发展的前提下，通过改善人类外在的客观社会、经济与环境福利条件，使人类主观幸福最大化。为此，本章将重点探讨幸福最大化导向下的生态需水管理，即“生态—经济”配置的机制与方法问题。

---

① 当前的水资源配置研究和实践多以可持续发展为原则，将社会经济系统、水资源系统、生态环境系统的协调可持续发展作为最终目标（王浩，2006；安娟等，2007）。

第一节 水资源生态福利管理理论基础

新古典经济学效用理论直接关注消费者通过收入约束下的各种经济产品的消费获得的效用，即主观满意度的最大化，将人们获得的主观满意度定义为消费的各类经济产品数量的函数，并通过消费者均衡分析法求得收入和商品价格约束下，获得最大效用时消费者收入最佳配置方式（高鸿业，1996；黄亚钧，2007）。与新古典经济学中的效用类似，人类多样而统一的主观幸福也由人们对各种客观物质对象（即各种客观福利条件）的消费来满足，且满足人类幸福的各类物质客体数量及其组合，往往受其产生时必须投入的某种稀缺资源数量及其配置的硬性约束。宏观上看，作为基础性自然资源和战略性经济资源的稀缺的水资源，在生产满足人类幸福需要的各类经济产品（服务）和环境产品（服务）中具有不可替代性和竞争性。因此，特定区域特别是干旱区，在水资源总量和利用效率既定约束下，水资源配置直接决定着各类生产品（可分为经济产品和环境产品），即人们幸福满足品的数量及其组合。通过上述分析，可见理论上新古典经济学效用理论及消费者均衡分析方法可为幸福导向下的水资源优化配置求解提供一种视角。基于此，本研究尝试通过借鉴并拓展新古典经济学效用理论及其消费者均衡分析方法，对幸福导向下的水资源优化配置问题进行初步探讨。

一、效用理论及其分析方法

（一）古典经济学效用理论

新古典经济学认为，理性经济人总是追求一定约束条件下自身利益的最大化。对于作为生产者的个人或经济组织而言，就是追求资本约束条件下自身收入或利润的最大化；而对于作为消费者的个体而言，就是追求收入约束条件下自身消费效用的最大化（高鸿业，1996）。效用理论又称消费者行为理论，是经济学解释消费者收入约束下消费行为选择的基本理论，即探究消费者如何在各种消费品（包括商品和劳务）之间分配其有限收入，以达到效用最大化。这里的效用是指消费者通过商品或服务消费所感受到的满足程度。围绕效用是否可度量问题，存在两种基本的效用理论，即基数效用论和序数效用论。基数效用论认为，效用可以精确计量和加总并用基数表示。序数效用论则认为，效用不能精确度量，只能根据个人偏好，用序数表示。在分析消费者选择行为时，基数效用论采用边际效用分析法，认为收入约束条件下消费者达到最优均衡的条件是对不同商品的边际支出所获得的边际效用相等；而序数效用论采用无差异曲线分析法，认为消费者达到最优均衡的条件是边际商品替代率等于两种商品价格之比。两类消费者均衡条件可分别用以下两式表示：

$$\frac{\mathrm{MU}_x}{p_x}=\frac{\mathrm{MU}_y}{p_y}= \quad =\frac{\mathrm{MU}_z}{p_z} \tag{1}$$

$$\frac{\Delta x}{\Delta y}=\frac{p_x}{p_y} \tag{2}$$

其中，MU 表示商品消费的边际效用；$\Delta x/\Delta y$ 表示保持效用不变情况下，消费者为获得单位商品 y 所产生的效用而愿意放弃商品 x 的数量，即商品 y 相对于商品 x 的边际替代率，由于两类商品变动方向不一致，为保证等式两边符号相同，等式右边加负号；p 表示商品价格。两种分析方法前提假设与具体过程有所不同，但均可求解特定收入水平约束下消费者为获得最大效用如何选择最优消费品组合，进而确定有限收入的合理配置；且由于两类商品的边际效用与边际替代率的等价性，两者殊途同归，得到的答案完全相同（黎诣远，2007）。

（二）分析方法

1. 效用函数

为进一步精准分析消费者收入约束下效用最大化的消费决策，新古典经济学提出了效用函数概念。效用函数反映了可供选择的商品组合与消费者可获得效用水平之间的映射关系，具体可用式（3）表示：

$$U=f(X_1,X_2,X_3,\ \ ,X_n) \tag{3}$$

其中，X_1，X_2，X_3，…，X_n表示n种商品的组合；U为消费者从n种商品的组合中获得的效用。值得注意的是，由于不同商品对消费者的效用不同，不同消费者对商品的偏好也存在很大差异，效用函数的具体形式往往千差万别。具体的效用函数要根据具体个体及商品组合而定，同一消费者在不同时期偏好发生变化，其具体效用函数也可能会发生变化。效用函数建立后，消费者均衡问题就可以转化为收入约束下使效用函数值最大化的求解问题。

2. 无差异曲线分析法

理论上讲，效用函数是个无限增函数，即只要有无限多的收入，消费者通过无限购置，拥有并消费各类商品和服务可获取无限多的效用，且无须考量收入支出在各类商品间的配置问题。然而现实是，消费者的收入与支付能力总是有限的。问题由此产生：消费者要不要对有限的收入、支出在各类商品间进行分配？如果需要分配，依据理性经济人假设要求如何分配，才能使消费者获得最大效用？第一个问题的答案显然是肯定的，因为人的需求是多样的，不同商品可满足人们不同的需求，具有弱通约性或不可通约性（陈惠雄，2006），且单一商品消费给人们带来的效用具有边际递减性。针对第二个问题，新古典经济学序数效用论给出的答案是采用无差异曲线消费者均衡分析法。以两种商品X、Y情形为例，无差异曲线分析法的基本思路是：假定在由 X、Y 确定的坐标系中存在两类曲线，一类为预算约束曲线，表示在既定价格水平下消费者给定收入可购买的两类商品数量所有组合点的轨迹，如图 8-1 中 1(a) 所示；另一类为等效用无差异曲线，表示可给消费者带来同等效用的两类商品不同数量组合点的轨迹，如图 8-1 中（b）所示。那么，两类曲线的切点即为消费者均衡点，其对应的两类商品数量即为消费者收入与两类商品价格既定约束下消费者效用最大化时的商品数量组合，见图 8-1 中（c）。

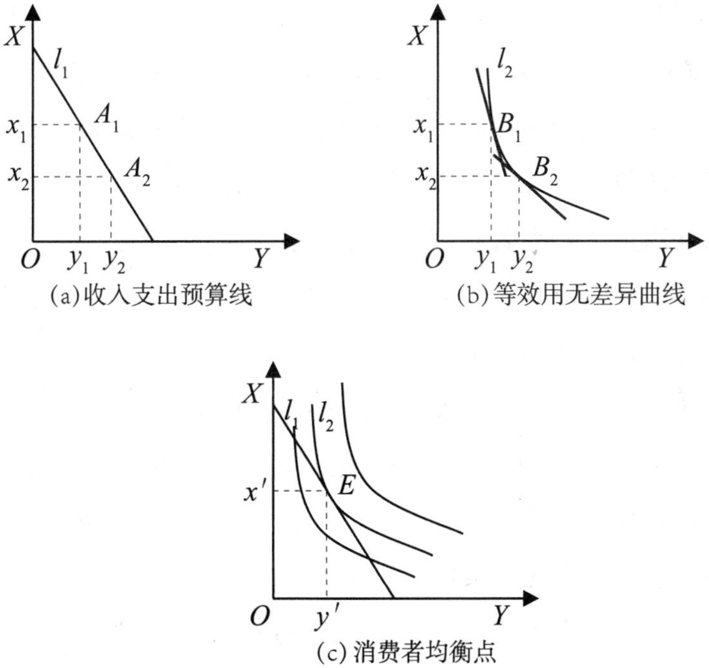

(a)收入支出预算线 (b)等效用无差异曲线

(c)消费者均衡点

图 8-1 消费者均衡无差异曲线分析法

如图 8-1（a）所示，在收入预算线 l_1 上任意两点 A_1，A_2 对应的商品组合（x_1, y_1）与（x_2, y_2）满足如下条件：$p_x x_1+p_y y_1=p_x x_2+p_y y_2=I$。其中，$p_x$、$p_y$ 分别表示商品 x 与 y 给定的价格，I 表示消费者的给定收入水平。预算约束线反映了既定商品价格与收入水平下消费者最大的消费可能，

在 l_1 上面的点对应的商品组合数量超出了消费者的购买能力，而在其下的各点对应的商品组合并没有使消费者充分消费，亦即消费者并没有充分利用收入获得最大效用。显然，消费者收入预算线的位置和倾斜度由商品价格与和消费者收入水平确定。消费者收入水平降低（或提高），或两类商品价格同比例上涨（或下降）时，预算线向下或向上平行移动，其斜率保持不变，表明消费者最大消费可能减小或增大；若两类商品价格发生不同变化，则预算曲线斜率发生变化。

图 8-1（b）中，等效用无差异曲线 l_2 上，任意两点 B_1，B_2 对应的商品组合（x_1，y_1）与（x_2，y_2）给消费者带来的效用相等，即 $Ux_1+Uy_1=Ux_2+Uy_2$。等效用无差异曲线上各点的斜率表示该点处两类商品边际替代率（或两种商品边际效用之比），即保持总效用不变的情况下，每增加单位 Y 商品的消费必须放弃的 X 的消费量。显然这种边际替代率的大小取决于消费者对两类商品的不同偏好，当消费者越偏好于 Y 时，这种替代率就越大；否则较小。此外，由于边际效用递减率的存在，使得保持总效用不变情况下每增加单位 Y 商品，消费者所愿意减少的 X 商品消费量，即两类商品的边际替代率随 Y 消费量的增加而递减，表现为无差异曲线上各点处切线斜率的绝对值随 Y 的增加而减小。这也是无差异曲线凹向坐标原点的原因。理论上，对于同一消费者来说，若其消费偏好不变，会存无数条这样的大致平行的无差异曲线，分别代表其不同收入和消费水平下获得不同总效用对应的无差异曲线。而当消费者对两类商品的偏好产生不同程度的变化，或者对于偏好不同的消费者而言，其无差异曲线形状会发生变化而相交。

如图 8-1（c）所示，对于具有既定偏好的消费者而言，坐标系中总存在其一条等效用无差异曲线，与其给定收入水平约束下由既定商品价格决定的预算约束线相切。由于该无差异曲线上切点以外各点或曲线以上各点均在预算约束线以上，其代表的商品组合超过了消费者收入支付能力，而该无差异曲线以下各点对应的所有商品组合给消费者带来的效用又均小于该曲线代表的效用，因而两线切点对应的商品组合即为消费者为获得最大效用在既定商品价格和收入水平约束下的最佳消费选择，该切点被称为消费者均衡点。

可见，用无差异曲线法分析求解消费者均衡，存在三个既定假设前提条件：① 消费者收入支出给定；② 可供消费者选择的商品价格既定；③ 消费者对各类可供选择的商品消费偏好明确。根据无差异均衡点的几何含义，求解消费者均衡可转换为求解以下联立方程组问题：

$$\begin{cases} -\dfrac{\Delta x}{\Delta y}=\dfrac{p_x}{p_y} & ① \\ p_x x+p_y y\leqslant I & ② \end{cases} \tag{4}$$

其中，式 ① 中 $\Delta x/\Delta y_Y$（=MU_X/MU）为两种商品 X，Y 的边际替代率（边际效用）之比，表示无差异曲线的斜率；p_x/p_y 为两类商品价格之比，反映的是预算约束线的斜率；$\Delta x/\Delta y=p_x/p_y$（或 $MU_x/MU_y=p_x/p_y$）表示在无差异曲线上只有其确定的切线的斜率与预算约束线斜率相等点才可能成为均衡点。式 ② 为消费者均衡的约束条件，表示均衡点代表的商品组合不能超出消费者购买能力，亦即消费者预算约束方程。具体求解过程中，预算约束方程由商品价格、消费者收入支出水平确定。两类商品的边际替代率（或边际效用）之比可通过对消费者实际调查确定，或者通过对消费者效用函数进而求偏导数表示，即如若某消费者关于两类商品的效用函数为 $U=f(x,\ y)$，则 $MU_x/MU_y=f_x'(x,\ y)/f_y'(x,\ y)$。

二、效用理论与方法的扩展

新古典经济学效用理论与消费者均衡分析的视阈仅局限于经济领域，所关注的效用主要是经济物品消费给消费者带来的感官上的享受，

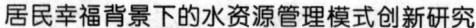

即较低层次上的快乐满足，将能给人们带来幸福的客体仅仅拘泥于经济物品，限制生产和消费经济物品的因素也仅局限于经济要素，如收入和价格等。然而，作为人类社会经济发展终极目标的人的幸福需要具有多样性和层次性。与之相对应，满足人们幸福需要的物质客体也具有广泛性，既可是食品、房屋等人类劳动产品，也可以是自然物品，如阳光、空气、水、适宜的气候、良好生态环境等。基于此，我国人本经济学家陈惠雄教授提出了广义消费和广义财富的概念，认为“消费是指人类利用对象来满足自身幸福快乐需要的所有行为和过程……”“一切能够满足人类欲望与快乐幸福需要的客观物质存在和活动……都构成人类消费需要的内涵”“作为快乐的满足品，人类财富可分为国民财富（人造财富）和自然财富。从满足人类快乐幸福的功用上看，与国民财富相比，自然财富具有同等甚至更加重要和基础性的意义”（陈惠雄，2006）。可见，为更好地促进人类快乐幸福，经济学研究就必须扩展研究视阈和范畴，将自然生态系统纳入其中，以“人类社会经济—生态环境复合系统”为研究对象，进而将自然物品或财富纳入人类消费及其经济分析的范畴。在此情况下，制约人类消费和幸福的因素就不仅仅是商品价格、居民收入等经济因素，还包括像水、空气、气候等这样的基础性的自然要素。基于上述分析，可对新古典经济学消费者行为选择理论，即效用理论进行扩展，以扩大其适用范围。基于人本经济学广义效用的概念（即人的快乐幸福）（陈惠雄，2006），本研究尝试提出广义效用理论的概念：人类为使自身幸福快乐最大化，在各种自然和人造满足品生产或消费之间合理配置某种稀缺资源的理论。广义效用论与新古典经济学狭义效用论的区别如表 8-1 所示。

表 8-1 广义效用论与新古典经济学效用论之比较

比较内容	传统效用论	广义效用论
效用的内涵	感官享乐	人的幸福感
消费对象	人造产品、服务	所有人造和自然产品、服务
消费制约因素	价格、收入等经济因素	各种基础性稀缺资源
适用范畴	经济系统	人—地系统

广义效用论将新古典经济学中的效用由狭隘的较低层次的感官满足扩展为多样而统一的人类精神快乐幸福，大大丰富了经济学效用的内涵，有利于提升的经济学的研究水平，使经济学研究由关注人类狭隘的物质享受转向关注人类的终极幸福。就消费对象而言，广义效用论将人类消费品由单纯的经济物品扩展为能够满足人们各种幸福快乐需要的所有经济和自然物品，有利于将经济学的研究视野扩展到整个人—地关系系统，转变人们狭隘的物质消费观念，从而促进人地关系的和谐；对消费制约因素内容的扩展，则有利于强化人们的自然资源稀缺意识，促进人们对关键稀缺自然资源的保护。与广义效用论相对应，可建立广义效用函数即幸福效用函数（式 5），函数中影响广义效用（即快乐幸福水平）的自变量因子涵盖所有人造和自然物品。

$$H = F(x_1, x_2, x_3, \quad ; y_1, y_2, y_3 \quad) \tag{5}$$

式中，H 表示主观幸福快乐（happiness）水平，x_m，y_n 分别表示消费的不同人造与自然产品或服务流。基于广义效用论和广义效用函数，运用无差异曲线分析法求解特定有限资源约束下消费者均衡（即消费者获得最大快乐幸福效用）时最佳资源配置方案问题时，其中的预算约束线由

收入约束曲线转变为特定有限基础资源约束曲线，而无差异曲线则成为等主观幸福效用曲线；均衡点则相应转变成特定稀缺的基础资源总量及其利用效率限定下，为获得最大快乐幸福，人造或自然消费品的最佳组合对应点。这种消费者均衡无差异曲线分析法也可被称为广义无差异曲线分析法。

第二节　生态福利下的水资源配置管理价值取向

水资源优化配置是一种基于特定原则和目标，将流域或区域水资源在不同子区域、不同水用途、不同时期进行合理配置，以发挥水资源对人类的最大效用的水资源管理行为。水资源优化配置通常有着明确的价值目标，因而是个规范问题，即水资源的配置根据价值目标的实现程度有着明确的优劣判断标准。

一、传统水资源管理价值取向与困境

根据王浩、安娟等人的研究，国内外不同时期水资源配置都有着特定的指导思想与目标，并总体呈现出由关注单一经济目标向关注社会、经济、环境效用多重目标的演化特征："水资源配置的指导思想经历了'依需定供''依供定需''基于宏观经济''面向可持续发展'的发展过程"；而配置目标则从单方面追求经济效益发展到追求人口、资源、环境和经济的协调可持续发展。"（王浩，2006；安娟等，2007）

当前，可持续发展原则指导下的区域水资源优化配置通常有三大目标和价值取向：经济高效益、社会公平以及生态环境可持续发展目标（王浩，2006）。无疑，这些目标的实现均可以改善区域居民的客观福利水平，但问题是这些目标之间相对独立，甚至相互矛盾：为了保护区域环境、恢复生态，减少了经济用水；为了使区域水资源利用的经济效益最大化，又挤占了生态用水和损害了社会公平，为了用水公平，不得不闲弃部分生产力。当前水资源配置这种最终目标的多样性和目标间的不可协调性，使得当前生态效益、经济效益、社会公平兼顾的水资源配置理论上不存在最优解，而只能获得若干“非劣解”，即无法在不降低其他目标已达到水平的情况下使某一目标水平提高（姜文来，2006）。这也是当前水资源优化配置面临的重要困境。为此，以可持续发展原则为指导，生态经济学的理论方法试图从目标的优先排序上解决这个问题（赫曼·E·戴利和乔舒亚·法利，2003）。根据生态经济学的观点，可持续发展原则下的水资源配置应优先考虑环境效益，将水资源优先配置于生态环境，人类对水资源的利用应被限制在自然资源和环境可承受能力范围之内；其次是考虑社会公平性，即强调在保证生态环境可持续发展的前提下，应将水资源公平地分配于各水利益主体；最后才考虑水资源经济效益问题，即借助市场机制让水资源流向利用效率与效益最高的部门，以实现人类物质财富生产最大化（潘护林，2008）。这种生态经济学视角下的水资源配置管理，以促进水资源可持续利用为原则，侧重三种目标的协调，但并未解决水资源配置目标的统一问题，其配置模式仍面临着难以最优化之困。

二、居民幸福背景下的水资源配置优势

然而，水资源配置的目标并非没有统一的出路。人类活动和人类社会发展的本质，有着共同的终极目的，即人的幸福，为物、为人、为自然，最终都是为了人的幸福快乐（陈惠雄，2006）。判断人类各项社会经济政策和各项活动效果的标准，是看在满足人类生存发展需要的基础上，能否实现人类幸福的最大化。水资源优化配置是实现人类幸福的一种手段，当前水资源优化配置追求的经济效益、社会公平和生态环境可持续发展的目标都是实现人类幸福。将实现水资源对人类幸福效用的最大化作为水资源优化配置的统一目标，不但符合当前以人为本、将国民幸福作为公共政策制定根本出发点的人类社会发展趋势（沈灏和卡玛·尤拉，2011），也为水资源配置取得最优解提供了一种可能的出路。

第三节　水资源生态福利管理实践应用

一、理论探讨与模型构建

在整个人地关系系统中，水资源是最为基础性的自然资源和战略性经济资源，既为人们生活所必需，也为恢复和维持生态环境所不可或缺。虽然水资源具有可再生性，但自然界特定地区特定时段水资源总量总是相对有限的，经济生产和生态环境之间水资源利用存在着此消彼长的关系，因而存在着在生态环境与经济生产用水效率（可分别用单位面积生态林草地需水量和单位产值耗水量表示）约束下，在经济用水和生态环境用水之间合理配置水资源，以最大限度地提高人们幸福水平的问题。

对于人们幸福水平提高，不只是一个经济问题，并不是经济越发达、人们消费的人造财富越多越好，当人均收入与生活水平达到一定程度后，经济增长与人们的生活质量或幸福水平的相关性并不明显，而自然环境的改善对于提高人们的幸福感会变得越来越重要（陈惠雄，2006）。然而，也并非自然环境越好，人们的生活质量和幸福水平就越高。当人们的物质生活水平较低，特别是基本生存问题还没有解决时，人们对环境的关注度比较低。此时，发展经济，增加收入，以提高人们对经济产品的消费水平，对于提高人们幸福水平来说显得十分重要。这表明，为提高人类幸福水平，在经济生产与生态环境之间配置水资源时，既非配置于经济生产越多越好，也非配置于生态环境的越多越好。为提高水资源约束下的经济产品和环境产品给人们带来的幸福水平，应在经济环境与生态环境之间合理配置水资源。

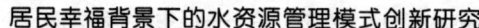

需要注意的是，幸福导向下优化水资源在经济与自然物品生产水资源配置时，存在两个基本前提：维持生态环境基本需水和保证人类基本生存的生产需水。这是因为人类社会经济系统是地球自然生态系统的子系统，生态环境是人类生存发展的基础（赫尔曼·E·戴利和乔舒亚·法利，2003）。没有生态环境的可持续发展就没有人类及其幸福的可持续发展，持续性应是人类发展必须坚持的基本原则；生存权是人类最基本的权利，生存没有保障，人类更高层面的幸福就无从谈起。因此，当前幸福导向下的水资源配置必须保证生态环境的可持续发展与人类的基本生存权。

将有限水资源合理配置于人造产品生产和环境物品生产，通过广义消费获得最大限度幸福，这与新古典经济学领域中消费者将有限收入合理配置于不同商品购买消费获得最大效用类似。有限水资源对生产环境消费品和人造消费品的约束，类似于有限收入对消费者可购买商品的约束。与特定时段消费者对商品组合的偏好具有相对稳定性类似，人们在特定发展阶段对自然与环境两类广义消费品组合的偏好同样具有相对稳定性，如在发展初期人类更加关注生存问题和经济产品生产，而在基本温饱问题解决后，人们转而关注生态环境的维持和改善。同样，类似于特定时段商品价格，即影响收入购买力的因素具有相对稳定性，影响两类消费品生产能力的水资源利用效率也具有相对稳定性。因此，新古典经济学阐释人类消费选择行为的效用论及其扩展，可以用来指导特定地区国民幸福最大化导向下的水资源优化配置决策。为便于分析，这里将区域消费群体（居民）简化为由政府代理的具有平均意义上的兼有生产者与消费者身份的理性幸福人，即掌握区域水资源所有权与配置权，能够将水资源自由用于经济产品与环境产品供自己消费，以实现自身幸福最大化。

水资源是经济产品（人造产品）和环境产品生产必需的基础性资源，因此可将两类产品分别称为水经济产品和水环境产品。为便于分析，可分别用经济总产值（各经济产品的综合）和健康的生态林草地分别表示水综合经济产品和环境产品，单位分别为万元和公顷（$1ha=0.01m^2$）；相应地可将经济用水和环境用水效率分别用万元 GDP 耗水量 e_1（m^2/ 万元）和平均每公顷生态林草地面积耗水量 e_2（方 / 公顷）表示。那么，水资源总量与用水效率约束下，关于水经济产品与水环境产品两类广义消费者均衡无差异曲线分析如图 8–2 所示。

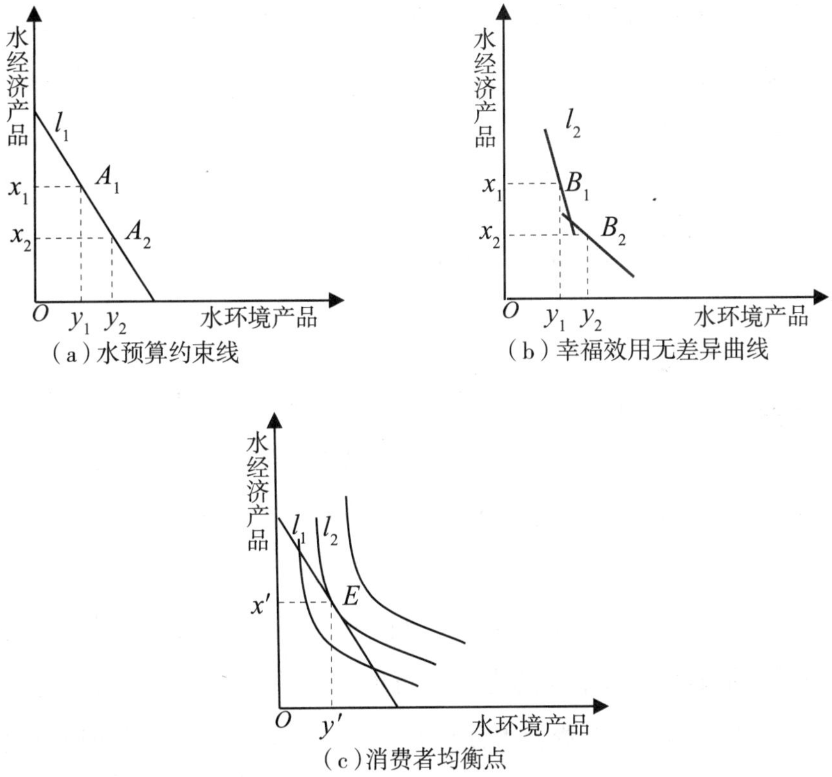

图 8–2 水资源约束下广义消费者均衡无差异曲线分析法

如图 8–2 中的（a）所示，水预算约束线上各点对应的水经济产品与水环境产品组合生产时所消耗的水资源总量相等，为区域总可用水资源量。图（b）中幸福效用无差异曲线为当地居民获得相同效用时需要消费的不同水经济产品和水环境产品组合点的轨迹。图（c）中，E 点为在区域水资源总量及其利用效率既定情况下，为获得区域最大幸福效用需消费的水资源产品和水环境产品组合，即区域水资源约束下的居民两类产品的消费均衡。

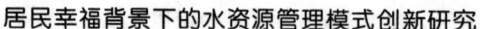

用无差异曲线法求解幸福最大化导向的水资源在经济与环境两方面的优化配置，存在以下三个假定前提条件：① 区域水资源总量有限且明确；② 经济生产综合用水效率和环境用水效率既定；③ 当前研究区居民对经济产品和环境产品偏好一定。根据无差异均衡点的几何含义，建立基于广义消费论和消费者均衡无差异曲线分析法求解幸福导向的水资源优化配置模型，如式（6）所示。

$$\begin{cases} -\dfrac{\Delta x}{\Delta y}(=\dfrac{\mathrm{MH}_x}{\mathrm{MH}_y})=\dfrac{e_x}{e_y} & ① \\ e_x x+e_y y\leqslant Q & ② \\ Q_x\leqslant e_x x\leqslant Q & ③ \\ Q_y\leqslant e_y y\leqslant Q & ④ \end{cases} \tag{6}$$

其中，$\Delta x/\Delta y$（$=\mathrm{MH}_x/\mathrm{MH}_x$）为水经济产品与水环境产品边际替代率之比（两类水产品产生的边际幸福之比），表示无差异曲线的斜率；e_x/e_y 为两类产品用水效率之比，表示水预算约束线的斜率。显然，两者分别受区域居民对水环境和经济产品偏好，即区域发展水平、文化因素与用水技术水平的深刻影响。① 式表示在无差异曲线上，只有其确定的切线的斜率与水预算约束线斜率相等的点，才可能成为均衡点。② 式为消费者均衡的约束条件，亦即消费者水预算约束方程，表示消费均衡时水环境产品与经济产品组合的生产消耗水量不能超出区域总水资源量。式 ③、④ 是另外两个硬性约束条件，其中 Q_x、Q_y 分别表示维持居民基本生存需要的经济物品生产需水量（由区域人口规模及基本物质生活需要决定）

和维持区域生态环境可持续发展的基本需水量（由区域自然环境性质及其耗水率决定）。由此，式③表示优化区域水资源配置时，配置于经济产品的水资源总量不应小于满足区域居民基本物质生活需要的经济产品生产需水，式④则表示优化水资源配置时，配置于环境用水的水资源量不应小于维持区域生态可持续发展的需水量。若根据①、②式求得的幸福最大化导向的水资源配置解，配置于经济产品生产的水资源量小于 Q_x 时，为维持当地居民的基本生存，配置于经济产品生产的水资源量应取 Q_x。但此时区域剩余可用水量（$Q - Q_x$）应不少于维持生态环境最低需水量（Q_y），否则会威胁区域环境可持续发展和区域居民的持久幸福，因而若短期内不能提高用水效率，就需要从区外调入实体水以增加环境配水量，或者调入虚拟水以减少经济产品生产需水量（程国栋，2003）。当所求配置于环境的水资源量小于 Q_y 时，为维持生态环境可持续发展，实际配置于环境需水的水资源量应取 Q_y。若此时剩余水资源量（$Q - Q_y$）小于维持当地居民生存最低需水量，不能直接或间接从区外调水，鉴于环境可持续发展对区域长远发展的意义，需要向区外迁移人口。由此可见，该模型较为全面地揭示了区域居民偏好（与区域经济发展水平及文化特征有关）、人口规模、经济技术水平、区域自然资源、生态环境等自然、社会人文因素对区域居民幸福的内在制约关系。

在模型的具体求解过程中，$\Delta x/\Delta y$（$= MH_x / MH_y$）可直接对区域居民经济产品或服务和经济产品与服务的偏好进行统计调查获得，或通过确定居民对两类产品消费的幸福效用函数进而求偏导数表示，若居民幸福效用函数为 $H = f(x, y)$，则 $MH_x / MH_y = f'_x(x, y) / f'_y(x, y)$；区域水资源总量及其经济用水效率和环境用水效率可通过当地水管理部门直接获取或推求；基本生态需水（Q_y）和经济需水量（Q_x）可通过两者的用水效率分别乘以当前维持当地生态环境可持续发展的最低健康生态林草地面积和居民最低生活保证金总额求得。

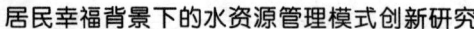

二、模型应用：干旱区情景分析

在干旱区内陆河流域，水资源是维持当地生产和环境可持续发展的最为关键的基础性自然资源，经济规模与生态环境状况受制于源自上游的地表和地下径流量。但由于水资源极为有限，导致当地经济与生态用水矛盾十分突出。在现有用水技术水平短期内难以大幅提高的情况下，当地水资源管理部门不得不面临下面的尴尬：为了发展经济，提高人们的物质生活水平，经济用水不得不挤占环境用水，导致生态环境恶化，进而威胁流域可持续发展；为了维持和进一步改善当地生态环境，不得不减少经济用水，缩减经济规模，闲置部分生产力。人们面临着水资源总量有限的约束下，发展经济和改善环境两类目标相互冲突的困境。可持续发展战略指导下的传统水资源配置，正是围绕两类目标的协调展开的。但这种配置模式并不能取得最优解，这是因为传统水资源配置模式将发展经济和改善环境两大相对独立甚至矛盾的目标作为最终目标，且没有找到两者的统一之处。然而根据幸福理论，发展经济与改善环境存在共同的终极目标，即国民幸福，在满足人的基本生存需求和维持环境可持续发展的前提下，区域居民幸福感最大化应是判断流域水资源配置合理与否的唯一终极标准。以区域居民幸福作为终极目标，并借用广义效用论和消费者均衡求解方法，为干旱区求取水资源优化配置最优解提供了一种可能。这里以经济用水与环境用水矛盾突出的某干旱区内陆河流域为例，通过情景分析对此做进一步说明。

为便于研究，做以下假定：流域内多年平均可利用水资源总量为 $Q_{均}$ =10 亿方（含地表水资源与地下水资源），丰水年份多年平均可开发利用水

量为 $Q_{丰}$=12 亿方，枯水多年平均可开发利用水量为 $Q_{枯}$=6 亿方；流域内降水稀少，经济用水和环境用水全部来自开发的地表和地下径流；经济用水的综合效率为 e_1=1 000 方 / 万元，生态用水效率为 e_2=1 000 方 / 公顷；维持居民基本生存（解决温饱问题）总需水量 Q_X=4 亿方，维持区域可持续发展的基本生态需水量 Q_Y=2 亿方。经过调查统计分析，当前该流域居民对于综合经济产出和生态环境两类水产品消费的平均幸福效用函数为：

$$H=\sqrt{xy} \quad (x>0, y>0) \tag{7}$$

在上述假设条件下，运用基于广义消费论和消费者均衡无差异曲线分析法求解幸福导向的水资源优化配置模型（式（6）），可分别求解该流域多年平均水资源总量、丰水年多年平均水资源总量、枯水年多年平均水资源总量约束下幸福导向的水资源最优配置。

（1）在多年平均可用水资源约束情景下，求解如下方程组：

$$\begin{cases} \dfrac{\mathrm{MH}_x}{\mathrm{MH}_y}=\dfrac{e_x}{e_y}=1 & ① \\ 1000x \leqslant 1000y < 10\times10^8 & ② \\ 4\times10^8 \leqslant 1000x < 10\times10^8 & ③ \\ 2\times10^8 \leqslant 1000y < 10\times10^8 & ④ \end{cases} \tag{8}$$

由效用函数公式（7）得 $\mathrm{MH}_x/\mathrm{MH}_y=y/x=1$，带入式①，并由式①、②求解得 $x=y=5\times10^5$。显然满足约束条件③和④。故可得出结论，能给该流域居民带来最大幸福效用的水经济产品和水环境产品组合是 50 亿元经济产出和 50 万公顷林草地生态建设面积。根据当前该区经济与环境用水效率，该区居民幸福最大化时的水资源最佳配置应为 5 亿方水用于经济生产，其余 5 亿方水用于建设流域生态环境。

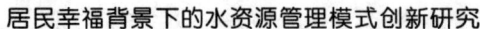

（2）在丰水年多年平均水资源量约束情景下，求解如下方程组：

$$\begin{cases} \dfrac{\mathrm{MH}_x}{\mathrm{MH}_y}=\dfrac{e_x}{e_y}=\dfrac{y}{x}=1 & ① \\ 1000x+1000y=12\times10^8 & ② \\ 4\times10^8\leqslant1000x<12\times10^8 & ③ \\ 2\times10^8\leqslant1000y<12\times10^8 & ④ \end{cases} \tag{9}$$

由式①、② 求解得（x，y）=（6×10^5，6×10^5），同样满足③、④ 两约束条件。因此，能给该流域居民带来最大幸福效用的水经济产品和水环境产品组合是 60 亿元经济产出和 60 万公顷林草地生态建设面积。根据当前该区经济与环境用水效率，该区幸福导向的水资源最佳配置应为 6 亿方水用于经济生产，其余 6 亿方水用于建设流域生态环境。

（3）在枯水年多年平均水资源量约束情景下，求解如下方程组：

$$\begin{cases} \dfrac{\mathrm{MH}_x}{\mathrm{MH}_y}=\dfrac{e_x}{e_y}=\dfrac{y}{x}=1 & ① \\ 1000x+1000y=6\times10^8 & ② \\ 4\times10^8\leqslant1000x<6\times10^8 & ③ \\ 2\times10^8\leqslant1000y<6\times10^8 & ④ \end{cases} \tag{10}$$

由式①、② 求解得（x，y）=（3×10^5，3×10^5），显然不满足式③ 限定的条件，亦即按照广义消费者均衡原理进行水资源配置，用于经济生产水资源会过少（仅为 3 亿方），不能保证流域居民基本物质生存需要。因此，需进一步调整水资源配置方案，将经济生产配水量增加到 4 亿方。

第九章　居民幸福背景下的水资源管理模式创新思考

国民幸福是社会经济发展的终极目标，经济增长、政治民主与环境改善等都只是实现这一目标的中间手段，均服务于这一终极目标。当前，基于对经济利益导向的传统发展模式弊端的反思，越来越多的国家开始更多地关注民生幸福。我国政府21世纪初先后提出了以人为本的科学发展观与和谐社会建设，其根本目的也在于促进国民幸福。因此，实施幸福导向的水资源管理，符合人类社会发展的本质要求和必然趋势，也是在自然资源开发管理领域落实我国以人为本的科学发展观和建设社会主义和谐社会发展战略的必然要求。幸福导向的水资源管理研究，不但有利于进一步改进当前人类水资源管理方式，解决当前水资源管理中诸多难以调和的矛盾，而且为其他领域幸福导向的体制建设研究提供了理论依据，因而具有重要的学术价值和实践意义。本章将在前述各章节研究的基础上对居民幸福导向的水资源管理做进一步归纳、总结，并指出未来本领域研究的发展方向。

第一节 居民幸福背景下的水资源诱导因素及应对措施

一、城市水资源管理体制创新的诱导因素分析

我国过渡进入水资源开发和管理的新时期后，为适应和解决日渐激化的水资源供需矛盾及其引发的与生态环境保护之间的矛盾，水资源的开发和管理体制已经不能满足于现状，即防洪安全和水资源流量调节分配。新的时期必须树立以经济社会的持续发展为总目标，综合社会经济的发展、公众的生存安全和健康福利、生态环境的质量水平等多方面需求，创新城市水资源管理体制。

（一）城市经济发展离不开水，需要创新城市水资源管理体制

城市发展的规模和速度要与水资源承载能力相协调，城市的各种建设和居民生活都离不开水，城市的水资源管理不当，将引发难以想象的后顾之忧，进而导致城市的经济发展滞后。长期以来，人们基于对“水资源是无限的”认识，对其开发利用采取“以需定供”的方针，最终造成河流断流，地下水超采，城市供水陷入困境。要努力建设节水型城市，实行“量水而行”的经济发展战略，优化产业结构，必须做到以水定产业，以水定发展规模，严格控制高耗水项目的建设。因而需要创新城市水资源管理体制，实行“需求管理”，约束人类对水资源无限制的需求，对有限的水资源进行合理配置和科学管理，以水资源可持续利用来保障国民经济的可持续发展。

（二）城市的发展不能以牺牲水环境为代价，需要创新城市水资源管理体制

城市发展千万不能走先污染、后治理的老路。如果继续长期沿袭低投入、高消耗、重污染的经济发展模式，忽略水污染治理使其严重滞后，将使城市排污量超出了城市水环境的承载能力，导致河流普遍受到严重污染，守着江河没水喝，不仅严重影响城市经济发展，而且直接危及人民生命安全。实践证明：靠传统的水资源分割管理体制，无法实现对全社会涉水事务的统一管理，因此，必须进行体制改革。

3. 建立城乡一体化管理体制，需要创新城市水资源管理体制

现代城市水利建设是一项综合性治理工程，承担防洪除涝、供水排水、治污排污、污水回用、生态保护、景观建设等多项任务，涉及多个部门和多个领域，切块管理，各自为政，必定引起工程建设上的浪费和管理上的混乱。城乡一体化管理体制是将来城市发展的必然趋势，必将全面推进城市水利现代化建设。同时，现代化的水利也将更有力地支撑现代城市经济的可持续发展。两者相辅相成的关系，需要一种新的城市水资源管理体制保障其共同利益。

二、创新我国城市水资源管理体制的基本对策

为了应付日益严重的水资源危机，我国亟须建立一个科学、高效、合理的水资源管理体制。水资源管理部门提出，解决我国水问题的关键是改变城市水资源管理体制。人类可持续发展模式的倡导，为城市水资源管理提出了更高的要求和严峻的挑战，也暴露了现有管理中存在的一些问题，主要有：在管理范围上，城市水资源管理往往仅局限于城市的行政范围，破坏了流域水资源系统各部分的相互关联性；在管理机构组织与制度上，权利分散化现象较为突出，各个部门在各自的管辖范围

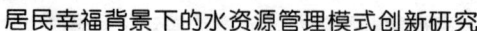

内各自为政，互不考虑其他部门的影响，管理效力在相互制约中大大削弱；缺乏全面、综合的水资源评价与规划；规划与管理的决策与实施过程缺少公众的广泛参与。

上述问题反映出城市水资源管理体制改革是实现水资源可持续利用的关键，具体的创新对策主要有：加强城市水资源评价与规划；完善城市水资源需求管理；控制城市污水排放量，加大污水处理力度；健全水资源的执法监督机制，明确机构组织责任；深化城市居民水资源教育；组织技术力量，寻找并开发新的非传统水资源。

（一）加强城市水资源评价与规划

从市场机制的特点看，市场虽然可以指示水资源的流向，但它不可能准确地指示社会和企业所需投入的水资源量，即使计划用水管理手段“失效”。市场这种固有的盲目性和滞后性，容易使城市水资源的配置失控，造成社会用水供需紧张和供需矛盾，因而需要城市管理者利用行政手段和技术力量加强城市水资源的评价与规划，以利于城市水资源需求管理的完善。

水资源动态变化的多样性和随机性，水资源工程的多目标性和多任务性，河川径流和地下水的相互转化，水质和水量相互联系的密切性，使水资源问题更趋复杂化。城市水资源的合理利用要充分考虑城市水资源的承受能力，依据本地区水资源状况、水环境容量和城市功能，来确定城市规模和考虑城市化的推进速度，调整优化城市经济结构和产业布局。

首先，在全面调查、测定、汇总城市淡水储量后，结合城市地区水文地质特征和开采的技术装置水平，分析确定城市淡水的可采量。其次，调查目前城市用水量，并根据其调查结果，做出水量平衡分析，为了制定水资源开采和分配计划提供依据。再次，依据城市的经济社会发展战略，预测城市耗水量。最后，根据城市水资源供需平衡分析，制定水资源开发计划。

在对水资源系统分析过程中要注重系统分析的整体性和系统性。一个成功的城市水资源评价结果必须依赖两个重要的条件：一是要采用统一的数据收集与测量系统，保证数据的可靠性，合理性和一致性；二是要有共同的评价标准。评价过程应注重地表水地下水的统一，水量与水质并重，流域上下游关系等，并做到全面评价与重点区域评价相结合，定性与定量相结合，使结果能清楚地反映城市水资源的自然状况和开发利用现状，水资源与水环境的承载力，水资源可利用量等。因而可以逐步建立城市水资源的科学数据和情报，建立了一系列环境资源数据库，包括流域边界、水流、水质、土壤、土地利用、交通运输及动植物种类分布等数据。这些数据全部储存在计算机内，不仅可以很快查询和使用，且许多数据可用地理信息系统直接显示。政府组织专业技术力量核实数据质量，然后可以适量收取费用实现网络上的数据分享，这样可以减少花费，避免重复，使城市中的各个水资源管理部门能得到科学数据和情报，并将其应用在水资源管理决策上，使城市水量既能满足生产、生活活动所需，又能节约用水，保证采、供、需水量的平衡。对水资源有计划的开采，实现可持续城市水资源管理。

（二）完善城市水资源需求管理

城市水资源的需求管理是基于社会和行为科学的管理，其重要手段包括水权与水价。水权管理使水权有明确的归属，在水权分配上，城市水资源的生活需求和生态系统需求应优先考虑，然后再对多样化的经济用水需求进行分配。水资源作为一种公共资源，长期无偿或低价使用，造成了水资源的不合理使用和浪费。需求管理强调把水作为一种稀缺的经济资源看待。价格手段就是要通过建立合理的、可变的水价体系，使

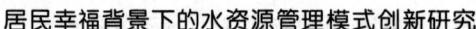

水价真正能起到经济杠杆的作用，从而抑制用水增长，缓解水资源供需矛盾。

水权主要指水资源所有权、使用权、水产品与服务经营权、转让权等与水资源有关的一组权利的总称。广义水权则是水资源的所有权和使用权。依据《水法》《取水许可制度实施办法》，水资源的权利主体是国家，国家行使占有权，水资源的处分权只属于国务院水行政主管部门。水权的明晰，能够增强各级政府、各个企业、团体乃至个人对水资源有限性和水权财产性的认识。我国水资源虽然属于国家和集体所有，但国家、集体所有权代理人缺位，造成产权不清晰，不但水资源的所有权和经营权界定不清，而且水资源的使用权本身也非常模糊。水资源的政治商品属性决定了水价不可能完全由市场决定。目前条件下，由于政府直接介入市场交易关系，造成政府与企业角色的严重错位。政府既热衷于充当企业投资主体，又热衷于成为企业经营管理主体，陷入企业的债务、融资管理甚至产品的生产与销售等具体的微观事物之中，政府偏离经济服务行为越来越远，导致了水资源利用的市场失灵，水资源水价大大低于生产成本，价格不能起到调节供求的杠杆作用，致使用水粗放增长，浪费严重。城市水资源管理体制中创新应该考虑在《水法》的指导下，制定一部适合我国实际情况的《水权法》，详细规定水资源的分配、使用、转让。产权制度是水资源管理的重中之重，水资源管理其他工作如水市场建立都是建立在这一基础上的。所以在水资源产权管理上，有赖于建立符合现代产权制度的水市场，考虑水资源特点，至少应建立以流域为基础的水权分配与交易的一级水市场，和以地区内水权分配与交易的二级水市场，实现水量使用权的有偿转让和水交易，中上游用水主体在保证其农作物灌溉用水外，将节余水的使用权出售给下游需要用水的单位，获取其节水的剩余索取权，下游经济主体在其购买水的收益大于成本时会考虑购买水的使用权，对购买的水他们肯定会节约使用。这种通过市场机制对水量的调节，可在流域地区之间行政部门的指导下进行，以达到城市水资源使用价值总和趋于最大化。

目前我国城市水价普遍低，既没有反映水资源的供水成本，也没有反映使用水资源的机会成本，其背后的原因不仅在于没有按供水成本制定水价，更重要的则在于水价是直接由各级政府行政措施制定的。所谓的供水成本主要包括工程水价、污水处理费和水资源费等，低廉的水价既不能激励城市居民和企事业单位去节水，又不能制止他们大肆浪费以及保证渠系维护、清理与维修。然而，实际要提高水价很难，其原因主要在于诸如根深蒂固的无偿用水意识思想观念等非正式制度安排的阻碍，因此水价的调节又不太可能一步到位。城市政府首先要针对具体的存量水资源考虑到城市产业用水，生活用水不同，而分行业，分用途所制订的区别价格，对于那些用水量大、排污严重的单位要通过制定高价的策略来限制其对水资源的利用，促进其节水积极性的提高。其次，对于城市居民生活用水，政府必须在保证其基本用水的前提下，把水资源费、取水费、上水处理费、输水费、排水费、污水处理费等统筹考虑，制定合理的水价，提高其对于城市水资源的认识。再次，为促进节约用水，对超额用水实行累进加价的办法，逐步推行基本水价和计量水价相结合的两部制水价，此外还可以借鉴新加坡、以色列等国的经验，实行水价分段递增的政策，即对超过基本用水定额的那部分水实行高水价，超过得越多水价越高。

总之，及时制定科学合理的水价政策，是控制城市用水量增长最有效的手段。现行水价标准与其真实价值严重不符，既难以维持供、排水企业的正常运行，又阻碍了节水工作的进一步开展。要充分利用价格这个经济杠杆的作用，大力开展城市节约用水工作。

各个城市应当按照国家已经颁布的《城市供水价格管理办法》，密切结合本地区实际，积极组织制订城市供水价格管理办法实施细则，尽快建立符合市场经济要求的水价形成机制，科学地规范城市水价管理。

（三）控制城市污水排放量，加大污水处理力度

城市水资源，无论是地下水或地表水，一旦被污染，需花费巨大的人力物力来治理，且效果很不稳定。为了有效地防治水源污染，必须采取综合措施，除了通过节水控制排污量以外，还要加大处理污水的力度。当前我国城市正处于体制的转型期，流域环境保护管理体制与机制尚未适应需要，有限的公共资源没有得到优化配置，体制改革需付出成本，有限的财政资金，不可能大量投到水污染防治工作中。加之城市化进程不断加快，使本来就很薄弱的城市基础设施更加捉襟见肘，不堪重负，水资源环保受到严重的挑战。针对城市污水的特点，我国城市应该建立对工业和城市水源污染的许可证体系，同时增加政府在废水处理工程上的财政预算。毫无疑问，我国大多数城市存在着严峻的资金短缺和技术设备国产化开发问题，致使一大批规划中的城市污水处理不能正常运行，预期的水环境目标无法实现。自筹资金建设污水治理工程是最好的办法之一，在政府的统一组织下由多方进行筹措，同时从城市建设资金、污水处理费和超标罚款等方面集资，以保障城市污水处理的正常进行，这个方法应该在我国的中小城市更为适宜。另外城市政府部门也应该转变工作重点，由重污水治理转为重预防污染，与其花费巨额治理污染，不如把资金花费在研究对环境无危害的新产品、新技术上。对于那些研究此类产品、技术的企业，政府应该提供优惠政策，比如提供研究补贴和减少税收，以促进其他企业的环保意识，达到全社会共同保护水资源环境，预防水资源污染。

在控制污染的同时，我们要从其源头控制污水排放量，即从控制人

类活动着手，控制危害水质和生态系统的外部污染物的过量输入。对工业污染的防治，必须逐步调整偏重末端治理的现状，从源头抓起，调整城市经济结构、工业产业结构、产品结构，提倡清洁生产。对城市生活污水进行妥善收集、处理和排放，应强化一级处理，条件具备时再实施二级处理。对具备污水深海排放条件的城市，仅强化一级处理即可。应降低污水中营养物质的浓度，控制水体富营养化水平；同时减少有机物质输入量，控制有机污染。

（四）健全水资源的执法监督机制，明确机构组织责任

城市水资源管理体制也应该适应形势发展的要求，把握行政执法体制改革的趋势，按照“精简、高效、统一”的原则，实行行政处罚权、行政征收权、行政许可权三权统一，将执法职能集中起来，整合执法力量，改多头执法为综合执法，建立一支统一高效的执法队伍。围绕建立防范行政自由裁量权被滥用的制度，科学合理地设定内部执法部门的职能。同时通过合理划分职能，实现了制定政策、审查审批等职能与监督检查、实施处罚等职能相对分开，监督处罚职能与技术检验职能相对分开，建立起了既相互协作又相互制约的运行机制。通过有奖举报、定时巡查、区域排查等多种手段，及时查办非法取水和盗用城市供水行为，对餐饮、洗浴、洗车等行业的用水行为深化管理，城市管网覆盖区内一律不再审批新井；对地热水、矿泉水统一管理，实行取水许可制度，并征收污水处理费；对建筑业和水产养殖业的临时取水行为进行规范，征收水资源费和污水处理费。

加强执法队伍建设方面，从深化能力建设入手，围绕“依法行政、依法治水、增强素质、强化效能、保驾护航、创新局面”这一目标，不断深化能力建设活动，进一步强化水利执法，不断提高执法能力和执法水平，重点提高水政监察人员的执法技能和综合素质，增大执法装备投

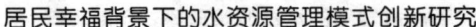

入，增强执法机动能力，真正做到秉公办案，执法为民，为水资源管理保驾护航。目前，我国水行政执法活力持续涌现，能力逐步提升。水利部推行行政执法责任制工作取得积极进展，水利部和七大流域管理机构行政许可、行政处罚、行政征收和行政强制四个方面的执法职权全部受到理清，所以城市也应该趁此良机，完善执法机制，创新执法手段，建立健全综合执法机构，为城市水资源管理体制的创新提供坚实的法制基础。

（五）深化城市居民水资源教育

水资源的禀赋和可供给量不同，会以各种方式影响居民生活用水需求和节约用水。一般来说，水资源短缺所引起的供水减少会导致水的消费量也较低。水资源禀赋越好的城市，其居民用水量较多，一般不注意节约用水，而水短缺严重地区居民的节水意识相对会较高，因而会主动减少对水的消费量。水资源保护和管理的成功与否不仅取决于有效的政策和法律，更取决于公众的参与和行为的改变。所以必须经常进行节水宣传教育，使节水观念深入居民日常生活用水的每一个环节，以消除不同城市之间节水效果的差异城市。

我国城市可以考虑利用正规和非正规两种途径进行水资源教育。正规教育指在小学、中学及大学设置环境和水资源课程，教育学生从小做起，从我做起，热爱环境、保护环境，并组织学生参加清理城市及公路垃圾和加入资源回收再利用等活动，必要时可以组织学生利用假期参与无水情况下生活的夏令营或者冬令营，让他们切实体会到没水所带来的种种不便，了解到通过节水可以保证正常的生活用水不被消耗，加深他们的节水观念，并通过他们的感受影响他们的父母和周围的亲人，以达到全社会都有节水意识。正规教育中关键要使节水课程进师范院校，师范院校是培养未来人才的“母机”，师范学生对节水具有“播种机”的作用，既然节约水资源是一个社会问题，就要发动全社会的力量。节水课程进入师范院校，这些未来的人民教师在走上讲台前就会牢固地树立起节水意识，养成节水的习惯，更重要的是在今后的教育活动中引导学生节水。另外水资源的正规教育也包括党校中对领导干部的教育。领导干部具有“领头雁”的作用，他们明白了节水的意义，就会收到事半功倍的效果，领导干部必须明确节约用水并不是单纯主张少用水，更不是为了少用水而减慢城市发展速度，甚至不发展，而是指提高用水效率，减少水的浪费，利用较少的水资源支持持续健康的城市发展。非正规教育指利用电视、报纸、广播、节目、聚会、讲座、传单等形式向公众讲授水资源保护的重要性。为了取得更好实效，宣传教育要经常化，不能仅靠每年一两次的集中突击宣传，而应以不同的形式体现在日常生活中。宣传的主要载体应该是电视和网络。实践证明，节水宣传的标语口号收效甚微，应该借鉴国外经验，大量采用电视节目，将节水的重要性排成“广而告之”，进行形象、生动、具体的节水宣传。城市周围的农村居民节水的观念更为淡泊，受其教育程度的限制，电视宣传不易深入人心，可以考虑利用计算机图像技术模拟地下水的流动、污染及保护，拍成录相带，派专人经常去农村播放，向农民朋友介绍地下水的利用与保护的重要性。

普及公众水资源教育的同时，还要讲清楚为什么要节约用水，让大众知道在具体生活中如何节水。具体方法做法有：随手关水龙头，在家里放一个存水桶，用淘米的水洗碗和浇花，用洗脸和洗衣的水洗拖把，领养一棵树，去增加城市蓄水，等等。综上，节约用水不仅可以解决城市水资源短缺的问题，还可以减少排污量，减轻城市水资源污染。因而增强城市水资源教育，是水资源管理体制创新的第一要策，是从根本上树立城市居民节水观念，建设节约型社会的关键所在。

（六）组织技术力量，寻找并开发新的非传统水资源

解决城市水资源短缺的传统方法是无节制地开发地表水，江河流量不够就筑水坝修水库，其结果导致上游的城市用水得到了保证，而下游的城市用水因此更困难。当地表水不足的时候，人们又把视线转移到地下水的身上，造成城市地下水位的普遍下降、水质退化、城市地面塌陷和沿海城市海水入侵等后果。这种情况下，只能通过跨流域调水来缓解。但是随着事态的发展，调水的距离将越来越远，工程会越来越复杂，投资也会越来越高，最后的结果则是城市水资源自给能力越来越低，受制于他人或受制于天。总之，我国城市要解决水资源短缺问题，一定要重视多渠道开发利用传统水资源，这才是可持续的城市水资源利用模式。

现阶段，我们所指的非传统水资源主要是指雨水、再生处理的废水、海水以及利用气候条件的人工增雨，等等。雨水对于北方干旱和半干旱等水资源十分匮乏的地区是重要的资源储备量，政府部门可以组织技术力量对其进行合理的利用。可以收集雨水用于浇灌、冲厕、洗衣等，通过屋顶绿化调节建筑温度和美化城市环境，可作为雨水集蓄利用和渗透的预处理措施。

总的来看，我国在雨水利用方面还是十分落后的，应该提高认识，加强研究，把它列入城市水资源开发利用的议事日程。城市废水是不受季节、降雨量影响的稳定的非传统水资源，目前我国大多数城市处理废水的能力不足，对于废水的回用也未重视，同时也缺少必要的法规政策和经济激励措施促进废水的再次利用，因而需要开发因地制宜的经济适用技术。城市居民的生活废水主要有三大类：厨房产生的废水，其成分为泥、淀粉和食用油；洗漱和美化环境产生的废水，其成分为汗渍、皂液、污土；冲洗厕所产生的废水，其成分为粪便。这三种污水中，前两

类均有回收利用价值，也是一种比较重要的城市非传统水资源。利用这些生活废水，要在技术上下工夫，好多城市的单管给排水体系必须改成双管给排水，实行分类供水，分类排水，严格控制污水净化标准，使其得到安全的再利用。适当的时候，还可以考虑用污水充当工业生产上的冷却水，循环往复，在必要的环节再补充一定量的净水，这样既缓解城市水资源短缺的矛盾，又减轻了对城市水环境的污染。当然，沿海的一些城市还可以考虑用海水作冲洗厕所之用，如果必要，还可以将其淡化用作生活饮用水。另外，在适当的气候条件下可以进行人工增雨，将空中的水资源化作人间的水资源，这也将是开发非传统水资源的一条有效途径。

第二节　居民幸福背景下的水资源管理创新策略探究

本研究以人本主义幸福论为指导，以幸福的本质内涵的辨析为切入点，以人类需要与水资源福利为纽带，深入分析了幸福与水资源管理关系，并提出了幸福导向的水资源管理框架。在此框架下，实现国民可持续幸福十分关键，这也是当前集成水资源管理研究中十分重要的问题——生态需水管理保障（“经济—生态”水资源优化配置问题）、水资源经济效率管理用（提高水资源经济效率与效益问题）、增进水资源公平管理（水资源管理组织形式问题）借助经济学分析法，进行了重点探讨。此外，研究也对实现水资源可持续开发利用不可忽视的传统水文化福利开发管理问题进行了定性研究。在上述研究基础上，幸福导向的水资源管理模式可总结如下：

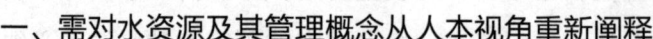

一、需对水资源及其管理概念从人本视角重新阐释

在当今水资源与水环境日渐成为制约人类发展的稀缺品及人类对水的生存发展需要日趋多样化的时代背景下，应对水资源及其管理概念从人本视角重新阐释，以实现有限约束下水资源对人类福利功能的最大化与可持续。由此，应立足于“可资人类利用的资源”这一水资源的本质内涵来理解水资源概念，由此树立一种广义水资源的观念，即将水资源定义为“在人类现有或未来可预见的认知能力和技术水平下能够满足人类某种或多种生存发展需要的各种水体存在形式”：既包括液态水，也包含固态和气态水；既包括人类直接用水，也包括间接用水；既包括物质层面用水，也包括精神层面的用水。鉴于水资源对人类基本生存发展需要的不可替代性、基础性、多适宜性以及自身的有限性、整体性和脆弱性，水资源的开发利用应坚持公平性、综合性、高效性、保护性和整体性原则。当今，水资源问题的根源主要是人类自身能力的历史局限性，水资源问题本质上是人的问题；因此水资源问题的解决也关键在人，即管控好人的发展欲望，提高人的理性，发展人的能力——提高人类管控自身人口与经济规模的能力，提高对水资源与环境的利用效率的能力，协调人类内部各层次各类用水关系的能力。

二、将居民幸福作为水资源管理的终极价值取向

基于马克思唯物史观全面深化认识幸福的内涵与终极价值意义，树立水资源管理的居民幸福取向，是构建幸福导向的水资源管理模式的前提和基础。基于人多层面生存和发展需要满足这一完整意义的幸福是人类行为的根本目的与人类社会发展的终极目标。幸福是人作为完整意义上的人的良好的综合存在状态，而非仅仅是快乐或精神愉悦。人拥有

的良好的外部客观生存状态或条件可称为福利或福祉，如丰裕的物质生活、和谐的社会关系、开明民主的政治制度等；而良好的内在多维度存在则构成幸福的实质内容，包括强健的身体、健全的心理与自由的精神及由此带来的主观满意感。其中，客观福利是居民幸福产生的物质基础，人良好的多维存在（幸福）是客观福利存在的根本价值和意义，而对人良好的主观存在状态的主观反映的幸福感则是衡量国民幸福的综合指标。尽管幸福感具有主观性和不确定性，但无疑是测量社会经济发展水平与人的全面发展状态无可替代的尺度。人的幸福是人类行为与社会经济发展终极目标，具有完备的客观现实基础与严密科学的学理基础。现实表明，人类各项行为包括其直接目标和间接目的最终均可统一到人类幸福；而理论上，幸福目标最终协调着人类各项行为，构成人类各项事业能够得以协调发展的根基。尽管幸福具有个性特征，但由于人的类存在性和实践性的社会特征，个人幸福应与他人及社会群体幸福一致。"实现共同幸福"是人类最伟大的目标，政府应将居民共同幸福作为公共政策制定的根本出发点与和落脚点。因此，幸福导向的水资源管理要求水管理的决策者树立"以人为本"的理念，将增进人的多维福祉和实现居民的多维幸福作为水资源开发与管理的根本出发点。

三、将满足居民多层需要作为幸福水管理的关键

人类多层生存发展需要是联系外在客观福利条件与人类幸福的纽带，人类多层面生存发展需要得到一定程度持续稳定满足，是使人类完整意义上产生幸福感的关键。水管理者应通过研究人类生存发展需要，明确居民客观福利的基本内容；通过分析水资源及其开发管理与人类普遍福利之间的关系，辨明幸福导向的水资源管理关键与核心内容。这是建立幸福导向的水资源管理政策体系基础。不难发现，以居民幸福为导

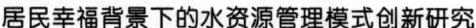

向，以满足居民多层面各项生存发展需要为直接目标，水资源管理的关键是要保障国民基本生产生活的水资源供应，防治威胁居民生产生活安全的干旱洪涝灾害，确保生态环境需水以维持生态环境可持续性，建立公正的水权制度与民主参与水管理制度，形成各类用水主体间稳定和谐的社会关系，构建完善的水资源市场体系，提高用水效率，增加用水经济机会，积极开展水文化教育，形成爱水、护水、科学用水的社会文化氛围。这些方面政策措施的制定和实施，可分别满足国民生理存在与精神存在需要即作为完整意义上人的基本生存发展需要，进而最大限度地发挥水资源及其管理对人类的福利功能，增进人类幸福感。

四、实现生态优先的“经济—环境”用水幸福均衡

将新古典经济学效用的概念扩展至人类幸福感，即广义效用，那么能够给人类带来幸福感效用的所谓消费品的范畴可由传统经济产品扩展到满足人类生存发展需要的一切经济与自然产品。这为协调人类经济活动与保护自然环境提供了理论基石，也为以居民幸福为最终目标，以幸福感为统一标准，找寻水资源有限约束下优化水资源“经济—环境”部门配置最优解提供了可能。可拓展运用经济学消费者均衡分析法，以水资源总量约束替代收入约束，用水资源生产能力即单位经济产出耗水量和单位生态林草地耗水量分别替代收入购买力（商品价格），用人们对经济收入和环境物品的广义偏好替代狭义的商品偏好，建立幸福效用函数和基于无差异曲线分析法建立的幸福导向的水资源优化配置模型，从而实现居民可持续幸福最大化导向的水资源“经济—环境”用水优化配置。本研究认为区域居民幸福导向的水资源“生态—经济”需水配置受制于人们对环境、经济产品与服务需要的偏好、水资源利用的技术水平、人口规模、区域自然资源、环境等多种人文、自然要素。

五、通过价格调控实现消费者经济剩余最大化

作为一类基础性自然资源，水资源为人类生活生产所必须，且具有不可替代性。作为经济资源，水资源使用时具有拥堵性、排他性、相对稀缺性、日益突出的商品属性，以及满足基本需求时的弱价格弹性。因此，水资源福利经济管理的基本原则包括：满足公众水资源基本需求；激励节水，提高水资源的利用效率；等等。在水资源管理中，价格管理是核心。根据福利经济学剩余经济理论，不同水资源价格管理政策下的经济剩余分析表明，理想状态下（实施水资源免费足量供应时），水资源的经济剩余（社会总福利）最大，任何高于零价格的水资源供应都会削减水资源总社会经济剩余的社会总幸福效用。供水价格越高，生产者剩余愈大，消费者剩余、经济剩余及幸福感都会减少；而提高水价，以回收供水成本，为补偿消费者经济剩余损失补贴用水户，优于补贴供水者，有利于激励节水。在提高水价，激励用水户节约用水，提高用水效率时，采取阶梯水价制优于单一水价制，可潜在激励节水，又在一定程度上减少因提价而造成消费者经济剩余（幸福感）损失。

六、构建政府主导下“多元共治”水资源治理模式

过程效用理论表明，政治决策的结果及其过程均有福利价值，会产生幸福效用。决策过程是决策者表达自我、发挥才能的过程。在这一过程中，决策者能够获得尊重，实现自我价值。因此，采用公众广泛参与的形式，不但能集思广益、协调相互关系，使决策更科学，更有有群众基础，而且可使公众意愿得到表达，才智得到发挥，获得自我价值实现感，从而有利于提升公众幸福感。这为幸福导向下水资源管理组织形式的选择提供了理论基础。在水资源管理决策与实施过程中，应尽可能地调动公众特别

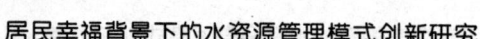

是利益相关群体的参与积极性，而非单一政府部门自上而下行政命令式决策管理形式，即要建立政府部门主导下“多元共治”的现代水资源治理模式。以甘州区农民用水户协会参与式水资源管理为例的实证研究表明，参与式水资源管理确实存在明显的结果与过程幸福感效用，充分参与水资源管理过程的用水户比普通用水户能够获得更多的幸福感，通过赋予参与权并让其充分参与管理活动可提高用水户的生活满意度（幸福感）。因此，水资源管理采取广泛参与的方式，即实现“多元共治”，符合幸福导向的水资源管理的原则，有利于增进居民幸福。

七、传承发展与共创共享传统与当代水文化

水除了作为一种物质资源直接满足人类生存基本发展需要外，作为一种客观存在的景观要素还具有满足人类审美需要、寄托人类情感、启迪人类智慧、陶冶人类情操等高层次文化价值功能。在当前物质日益丰裕而精神匮乏的时代，充分开发和利用水的这些精神文化功能，对提升居民幸福感具有重要的现实意义。在长期的人水互动过程中形成和积淀的水文化十分丰富，包括精神、行为、制度、物态多个方面。这些水文化对于丰富当今人类对水的认识、协调人水关系、规范人类用水行为，进而实现水资源的可持续利用具有积极的借鉴意义。为建立和谐的人水关系，实现人类永续幸福，有必要挖掘、传承、发展好水文化。为更好地发挥水与水文化的福利功能，增进居民幸福，关键是要在保护的基础上传承、活化、发展水文化，并实现水文化的大众共创共享。当前，水文化福利管理的急迫任务主要有保护、发掘与整理传统水文化，总结和利用好当代水文化，强化水文化的理论研究，加强水文化的宣传教育与交流，实现水文化的共建共享。

第三节 居民幸福背景下的水资源管理研究再思考

一、本书对居民幸福视角下水资源管理研究的不足

正如本书绪论所言，当前将幸福理念引入水资源管理领域，以国民幸福为导向与直接关注目标的水资源管理基本规律研究刚刚起步。因此，作为一种初步尝试和探索，本研究难免存在不足。首先，幸福导向的水资源管理框架构建比较粗浅。本研究主要是基于马斯洛需要理论粗略地分析了水资源及其管理与国民幸福的关系，粗浅地勾勒了以幸福为导向的水资源管理框架，对框架内各结构性成分关系分析得还不够深入。其次，对于以幸福为导向的水资源福利管理探讨并不全面系统。幸福导向下的水资源管理是一个系统，本研究仅重点选取以了幸福为导向的生态需水管理、水资源价格管理、水资源管理组织形式等内容进行了初步探讨。再次，以幸福为导向的水资源管理实证研究不足。幸福导向的水资源生态需水管理及水价管理机制探讨，尽管提出了较为具体的分析模型，分别采用了情景分析法和图示分析法作详细分析，得出了一些概念性结论；但缺乏实证研究。总之，本研究在侧重于对以幸福为导向的水资源管理框架与若干重点问题理念性的初步探索，仍存在诸多需要改进之处。

二、未来居民幸福视角下的水资源管理研究展望

今后，在以幸福为导向的水资源管理研究中，本研究认为应在以下几个方面有所突破。首先，在继续厘清国民幸福与水资源及其管理结构

性成分的基础上，进一步探究国民幸福与水资源管理的内在联系，进而完善面向国民幸福的水资源管理理论与实施框架。以人类需要及其满足作为联系人类幸福与水资源及其管理的纽带，是建立面向幸福的水资源管理理论框架的切入点。因此，在现有需要理论研究的基础上，全面深入地分析人类生存发展需要内容、规律及其与水资源管理的关系，应是今后进一步完善水资源管理框架、理论努力的方向。其次，强化实证与应用研究。在完善面向幸福的水资源管理理论框架基础上，与实证研究相结合，提出特定区域居民幸福导向的水资源管理方案和措施。应在具体考察研究区的水资源、国民需要特征等基础上，建立具有区域特色的幸福导向的水资源管理模型，并加以实证分析，进而提出符合该区域的幸福导向的水资源管理方案。再次，构建幸福导向的水资源管理评价指标体系与评价模型。为考察特定区域水资源管理是否正沿着促进国民幸福的道路前进，是否取得了积极效果，进而提出改进措施，必须对其进行评价。为此，需要建立相应的评价指标体系与评价模型。这包括两方面：一是过程评价，即评价当前的水资源管理是否符合设定的幸福导向的水资源管理方案路径；二是效果评价，即评价当前特定时段的水资源管理在多大程度上促进了国民幸福水平的提高。

参考文献

[1] 鄂竟平．坚持节水优先 强化水资源管理 [N]. 人民日报，2019-03-22(12).

[2] 潘忠文，徐承红．我国水资源利用与经济增长脱钩分析 [J]. 华南农业大学学报 (社会科学版)，2019，18(2):97-108.

[3] 孙井泉，谭萍．浅析鞍山市水资源论证管理工作问题及建议 [J]. 珠江水运，2018(24):70、71.

[4] 丁红，李铁男，张守杰，彭卉，司振江．黑龙江省实行最严格水资源管理制度建设与成效 [J]. 水利科学与寒区工程，2018，1(12):98-101.

[5] 5] 鄢文生．基于 WebGIS 的水资源管理信息系统分析 [J]. 黑龙江水利科技，2018，46(12):40-42+91.

[6] 王慧，杨益．扎实做好调水管理 推动实现“空间均衡”——访水利部调水管理司司长卢胜芳 [J]. 中国水利，2018(24):37、38.

[7] 苏建平．完善制度 夯实基础 强力推进水资源管理再上新台阶 [J]. 河北水利，2018(12):22、23.

[8] 王四春，王旖旎．基于主成分分析的广西水资源承载力综合评价 [J]. 广西社会科学，2018(12):45-48.

[9] 沈菊琴．水资源资产与水资源的关系探析 [J]. 会计之友，2018(23):2-7.

[10] 胡银萍．探索促进地方水利经济发展的途径 [J]. 中外企业家，2018(34):88.

[11] 安正本 . 我国水资源管理模式分类及效果比较研究 [J]. 科技创新与应用，2018(34):195、196.
[12] 刘召峰 . 太湖流域工业园区水管理过程绩效评价指标体系构建与对策建议 [J]. 绿色科技，2018(22):17–19+22.
[13] 顾明林，魏巧莲 . 榆林市水资源优化配置对策探讨 [J]. 资源节约与环保，2018(11):26.
[14] 任海林 . 静宁县水资源特征及改善措施初探 [J]. 甘肃农业，2018(22):45–46.
[15] 万伟伟，葛辉彰 . 人水和谐的哲学传统及其对我国水资源政策的启示 [J]. 海南大学学报 (人文社会科学版)，2018，36(06):132–137.
[16] 高菊 . 关中城市群水资源供需分析 [J]. 价值工程，2018，37(35):111–113.
[17] 韦昊，宋张杨，孙照东，孙晓懿 . 新形势下强化水资源论证工作的对策建议 [J]. 中国水利，2018(21):38–40+37.
[18] 甘治国，贺先浩，蔡思宇 . 水资源调度通用软件在玛纳斯河的应用 [J]. 中国水利，2018(21):60–62+59.
[19] 秦平 . 论述我国水资源合理开发利用及其保护 [J]. 四川建材，2018，44(11):42+46.
[20] 雷澄 . 渭南市抽黄供水工程水资源优化配置研究 [D]. 西安理工大学，2018.
[21] 张振龙 . 新疆城镇化与水资源耦合协调发展研究 [D]. 新疆大学，2018.
[22] 葛萃 . 梦山水库水资源论证研究 [D]. 南昌大学，2018.
[23] 石占涛 . 基于水权交易的兰州市水资源优化配置研究 [D]. 兰州理工大学，2018.
[24] 李彤彤 . 海口市水资源优化配置及调度系统 [D]. 华南理工大学，2018.

[25] 李宁 . 长江中游城市群流域生态补偿机制研究 [D]. 武汉大学，2018.
[26] 王若雁 . 北方缺水城市水生态文明建设评估 [D]. 华北水利水电大学，2018.
[27] 许国成 . 西部地区城市生态文明评价及发展研究 [D]. 中国地质大学，2018.
[28] 姚柳杨 . 休耕的社会福利评估 [D]. 西北农林科技大学，2018.
[29] 石薇 . 自然资源资产负债表编制方法研究 [D]. 浙江工商大学，2018.
[30] 张春晓 . 生态文明融入中国特色社会主义经济建设研究 [D]. 东北师范大学，2018.
[31] 苏冬梅 . 甘肃省河西地区生态补偿法律对策研究 [D]. 西北民族大学，2018.
[32] 田海莉 . 保护廊坊市水生态环境的几点思考 [J]. 河北水利，2018(4):14.
[33] 周军 . 试论农村水资源存在的问题与发展利用 [J]. 中国资源综合利用，2018，36(4):69–70+74.
[34] 姜大川 . 气候变化下流域水资源承载力理论与方法研究 [D]. 中国水利水电科学研究院，2018.
[35] 申晓晶 . 基于协同论的水资源配置模型及应用 [D]. 中国水利水电科学研究院，2018.
[36] 李玮 . 社会经济驱动用水的理论基础与方法研究 [D]. 中国水利水电科学研究院，2018.
[37] 王喜峰，张景增 . 水资源管理的供给侧结构性改革研究 [J]. 水利经济，2018，36(01):42–45+90.
[38] 钟华平 . 基于马斯洛需求层次理论的水资源管理探讨 [J]. 中国水利，2018(01):35–37.

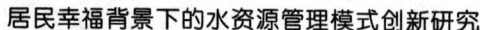

[39] 刘静，鞠雪娇，陈思灼 . 发达国家水资源审计对我国的启示 [J]. 东北亚经济研究，2017，1(4):115–120.

[40] 何伟，宋国君，高文程 . 我国城市水效管理政策研究 [J]. 中国物价，2017(12):46–49.

[41] 闫宏华 . 讨赖河流域构建现代水资源管理模式探析 [J]. 水利规划与设计，2017(12):5–6+20.

[42] 李楠 . 基于ET控制的铁岭市水资源管理方法研究 [J]. 水利规划与设计，2017(12):66–68.

[43] 陈文彬 . 基于水资源高效利用的节水潜力分析——鸡泽县 [D]. 河北工程大学，2017.

[44] 王腾飞，马仁锋 . 自然资源资产化视域浙江水资源资产空间区划研究 [J]. 上海国土资源，2017，38(4):63–68.

[45] 赵敏 . 铁岭市水资源管理信息系统建设及效益分析 [J]. 地下水，2017，39(6):207、208.

[46] 孙莹 . 水资源现状及保护应对措施分析 [J]. 科技资讯，2017，15(33):101、102.

[47] 孙莹 . 生态文明视野下水资源保护及利用分析探讨 [J]. 科技创新导报，2017，14(33):105、106.

[48] 许正全，刘阳升，王平 . 水资源管理与保护策略探究 [J]. 四川水泥，2017(11):201.

[49] 洪海生 . 我国水资源管理现状及对策 [J]. 科技创新与应用，2017(31):141+143.

[50] 翟羽佳，周常春，刘春学 . 水权视角下水资源分配管理研究——以苍山十八溪流域为例 [J]. 昆明理工大学学报 (自然科学版)，2017，42(5):136–144.

[51] 李恒 . 南宁市节水信息管理系统建设项目质量管理研究 [D]. 广西大学，2017.

[52] 李登亮 . 论建立可持续发展的水资源管理体系 [J]. 建材与装饰，2017(42):253、254.

[53] 王文波 . 基于循环经济的武清区水资源可持续利用研究 [J]. 海河水利，2016(6):13–16.

[54] 辜健慧 . 南昌市城市水资源可持续发展问题研究 [D]. 南昌大学，2016.

[55] 王颖 . 基于水资源管理常见问题及可持续利用管理方法研究 [J]. 黑龙江水利科技，2016，44(11):164–166.

[56] 赵秀杰 . 加强水资源管理 促进水资源可持续利用 [J]. 江西农业，2016(21):56.

[57] 邓伟，张秝湲，马静，何兰超 . 江苏省水资源管理现代化指标体系研究 [J]. 中国水利水电科学研究院学报，2016，14(5):379–385.

[58] 朱艳 . 中国水资源管理现状及对农业的影响 [J]. 农业工程技术，2016，36(26):35.

[59] 周骏 . 加强水资源管理 促进可持续利用 [J]. 科技创新与应用，2016(25):233.